和谐校园文化建设读本

物理故事

潘天筱/编写

吉林教育出版社

图书在版编目(CIP)数据

物理故事 / 潘天筱编写. 一长春 : 吉林教育出版社，2013.1（2022.10重印）
（和谐校园文化建设读本）
ISBN 978-7-5383-7629-6

Ⅰ. ①物… Ⅱ. ①潘… Ⅲ. ①物理学一青年读物②物理学一少年读物 Ⅳ. ①O4-49

中国版本图书馆 CIP 数据核字(2013)第 013850 号

物理故事
WULI GUSHI

潘天筱　编写

策划编辑　刘　军　　潘宏竹
责任编辑　刘桂琴　　**装帧设计**　王洪义

出版　吉林教育出版社(长春市同志街 1991 号　邮编 130021)
发行　吉林教育出版社
印刷　北京一鑫印务有限责任公司

开本　710 毫米×1000 毫米　1/16　**印张**　12.5　**字数**　159千字
版次　2013 年 1 月第 1 版　**印次**　2022年 10 月第 3 次印刷
书号　ISBN 978-7-5383-7629-6
定价　39.80 元

编　委　会

总序

千秋基业，教育为本；源浚流畅，本固枝荣。

什么是校园文化？所谓“文化”是人类所创造的精神财富的总和，如文学、艺术、教育、科学等。而“校园文化”是人类所创造的一切精神财富在校园中的集中体现。“和谐校园文化建设”，贵在和谐，重在建设。

建设和谐的校园文化，就是要改变僵化死板的教学模式，要引导学生走出教室，走进自然，了解社会，感悟人生，逐步读懂人生、自然、社会这三本大书。

深化教育改革，加快教育发展，构建和谐校园文化，“路漫漫其修远兮”，奋斗正未有穷期。和谐校园文化建设的研究课题重大，意义重要，内涵丰富，是教育工作的一个永恒主题。和谐校园文化建设的实施方向正确，重点突出，是教育思想的根本转变和教育运行机制的全面更新。

我们出版的这套《和谐校园文化建设读本》，既有理论上的阐释，又有实践中的总结；既有学科领域的有益探索，又有教学管理方面的经验提炼；既有声情并茂的童年感悟；又有惟妙惟肖的机智幽默；既有古代哲人的至理名言，又有现代大师的谆谆教诲；既有自然科学各个领域的有趣知识；又有社会科学各个方面的启迪与感悟。笔触所及，涵盖了家庭教育、学校教育和社会教育的各个侧面以及教育教学工作的各个环节，全书立意深邃，观念新异，内容翔实，切合实际。

我们深信：广大中小学师生经过不平凡的奋斗历程，必将沐浴着时代的春风，吸吮着改革的甘露，认真地总结过去，正确地审视现在，科学地规划未来，以崭新的姿态向和谐校园文化建设的更高目标迈进。

让和谐校园文化之花灿然怒放！

本书编委会

目录

竹筒制敌

宋朝有一位和岳飞同时代的名将，叫刘锜。他射箭本领高超，百发百中，指挥战斗智勇双全。他在担任陇右都护时，居住在我国大西北，即今甘肃一带。当时夏人来犯，屡屡被他指挥的部队打败。夏人闻风丧胆，以至于他们吓唬小孩时常说的一句话是："别哭了！再哭刘都护来了！"刘锜后来调任东京副留守，驻兵汴梁（今河南开封）。

1140 年 5 月，金兀术带十余万兵马来犯，围住顺昌（今安徽阜阳一带）。刘锜见金兵长途跋涉前来进犯，便命令穿盔甲的士兵，每人带一个竹筒，竹筒里装满煮熟的豆子。两军对阵时，刘锜用他那声如洪钟的嗓子高喊：

"丢掉竹筒！撤！"

只见竹筒散落各处，竹筒里的豆子洒得满地都是。敌人骑马上来后，由于连日急行军，敌军没吃过一顿安生饭，人困马乏，马的肚子咕咕直叫，只顾低头寻豆子吃，谁打也不走了。有的马踩到竹筒上，竹筒滚来滚去，害得金兵人仰马翻，一片混乱。

刘锜见时机已到，命令士兵射杀，来犯之敌全部被歼灭。

刘锜的计谋中运用了竹筒的随遇平衡、竹筒的滚动摩擦小以及马的失去平衡等。

物体的平衡状态有三：一是稳定平衡，如钟摆的平衡、手向上抓吊环的平衡，当它离开平衡位置时，会自动回到原位；二是不稳定平衡，如肩膀上顶着竖直竹竿、一个手指托住竖直的鸡毛掸子，当它离开平衡位置时，就不再回来，而自动倾倒；三是随遇平衡，如水平地面上的钢球，当它离开平衡位置时仍能在另一位置平衡。刘锜所用的竹筒就属于这一种。竹筒可以随遇平衡，又非常容易滚动，而滚动摩擦比滑动摩擦小得多。所以当马踏上竹筒时，竹筒滚动，使马得不到地面给它的向上的支持力而失去平衡，在重力作用下就倒地了。

前面是万丈深渊

小赵、小李到外地去办公事，时间很紧，由司机小钱开汽车一同前往。一路上很不顺利，又下了大雪，道路滑，不好走。小赵办事不利落，又误了些时间。小李是个急性子，催促赶路，想争取些时间。

一天，车开到蜿蜒的山路，小钱手把方向盘，一点不敢分心，凝目注视前方。下坡时，公路渐渐向左拐去，在急转弯处的下面竟是万丈深渊。尽管车开得不是太快，但就是急刹车也不可能将车立即停住，车正朝深渊开去！千钧一发，怎么办？

小钱一时不知所措。

小赵喊："向左打方向盘，刹车！"

小李喊："向左打方向盘，不能刹车！"

小钱打了方向盘，前轮已转向左方。但刹车好还是不刹车好？谁说得对？犹豫之中，没有刹车，结果汽车紧靠公路外沿，总算转过来了。没有坠入深渊，真是万幸。三人心有余悸，好一阵子，才缓过劲儿来。不知不觉三人又回到了原来的问题：当时是刹车好，还是不刹车好？

当时有四种选择：

一是不转向，不刹车——这肯定要坠入深渊。

二是不转向，但刹车——这也会有同样下场，只是出事时间能稍微拖后一点。因为刹车时，车轮变滚动摩擦为滑动摩擦了，摩擦力变大。

经验使他们三人都不会选择这两种方法。

三是转向又刹车。转向时，前轮向左；刹车时，后轮不转。这样，前轮无法向左方前进，由于惯性，整个汽车在车轮与路面的滑动摩擦力作用下，大体沿原运动方向向前冲去，结果仍是坠入深渊，只是出事时间更拖后一点。不过，说起来都不过是一瞬间。

四是转向不刹车。只有这种方法有希望避免出事。因为四个轮子仍然可以转动着转弯。当然,如果原来车速较大,路面非常光滑,这种方法也不一定能成功。他们三人实属万幸。

虎口脱险

从前,有位青年女子,因家贫还不起债,被迫到财主家当用人,从此落入虎口。她整日洗衣做饭,劳累不堪,还吃不饱、穿不暖。近来她发现财主家的恶少图谋不轨,要对她施暴。为跳出火坑,她在夜深人静之时,逃出财主家。

她一路心情紧张,慌不择路,不觉来到一条河边。没等站稳,被脚下大块的卵石一滑,跌倒在地。她顾不上这些,举目四望,身后是一片空地,除了石头,一棵树也没有;身前水面如镜,河面宽阔,挡住去路。这时天色微明,如果往回走,会遇到前来追赶的财主,被抓回去岂止一阵皮肉之苦!她心急如焚,但抱定决心,决不再入虎口。等心情平静下来,她发现有条小船在不远的岸边,赶忙过去一看,船上什么东西都没有。没有桨,怎么叫船走呢?眉头一皱,计上心来。她迅速捡了些大石头放到船上,然后站在岸上用力推船,船受力而由静止猛然加速运动起来,她顺势跳上船去,等于又给船一个推力。然后她回头将大石头抱起来,用力向岸上扔,石块受力的同时,它也给人一个大小相等、方向相反的力,这使船继续受到向前的推力。等石头抛完,船的速度就比较快了,依靠惯性也可以继续前进一段。为了克服水对船的阻力,她面向对岸坐在船上,使劲用两手臂向后划水,手打水向后的同时,水同样给手臂以大小相等、方向相反的力。划水划累了,她便回转身子坐下,让手臂从身后向前划水,以调节肌肉的疲劳。就这样,她终于使船到达对岸,逃出了虎口。

救命的木箱

连日大雨,道路泥泞,一支抗日小分队正从这里转移阵地。走着走着，忽然最前面的战士小李陷到泥里面去了。班长立即喊道：

“大家不要慌张。小李你千万别动，否则就会陷得更深。我们想办法救你。”

班长熟悉这里，这里原来是沼泽地，后来变得干燥了，不难走了。但连绵不断的大雨，又把它变成一片烂泥地。眼下还估计不出前面有多长的路是危险路段。不过，就是救出了小李，大家也还得从这里通过；如果绕道走，那就太远了，而且现在敌情紧急。

“大家分头找木板、石板，越宽大越好。”班长对大家说。

不一会儿，有战士报告：

“这里有空弹药箱，木板钉的。”

“太好了，都拿过来。”

“拆成木板吗？”

班长看了看，木箱每人一个还有余，就说：

“时间来不及了，又没有工具，直接往泥地里摆吧。”大家把一个空箱扣在泥地上，两人站在上面，先把小李拉上来。然后大家排成队，将空箱子依次往前传，一个个向前摆去。而且按班长的要求，把箱底贴着地面，而不是把箱口扣在地上。

大家传着，放着，踩着木箱一步步前进着。前边的木箱不够用，就将最后面的木箱取出来传到前面去。这时大家体会到班长为什么不让扣着放的道理了，正放和扣过来放，效果一样，但正放更容易从地上再取出来搬走。这样，大家小心翼翼，踩着木箱，终于通过了长长的沼泽地。队伍过来了，救命的“路”也跟着过来了，假如敌人追上来，也只能望“泥”兴叹，因为已经没有木箱让他们踩了。

踩在大木箱上人就陷不下去了。这是因为人站立在泥地上时，人的重量通过双脚作用在泥地上，压力比较集中。站在木箱上时，人的重量分散到大木板上，通过木板再压泥地。假如大木板触地面积是两鞋底面积的 20 倍，那么单位面积泥地地面所受的压力就减小到 1/20 了。总之是因为人对地面压强变小，而避免了陷入泥中。

天外飞来一团火

从前，有一颗奇怪的陨星从天外飞来落在印度。当时高空一道白光，照得大地通亮。接着一阵轰鸣，它落在一片沼泽地里。一缕白烟过后，一些人跑去远远地驻足观看。这里荒无人烟，遍地泥泞，不会造成人畜伤亡。但令人惊讶的是，他们看到在沼泽地里的却是个大冰团！在场的人七嘴八舌：

"奇怪，在天上还是一团大火，落下来怎么变成冰了呢？"

"这一定是神的意志。"

"我们这里太热了，神把冰送给我们。"

"不是。这是个很大的流星进入大气层，没能完全烧毁就落到地面上来了。这叫陨星。"

"你说这是没烧完的流星，那它的温度一定很高很高，为什么看到的却是冰呢？"

"这……我也说不明白了。"

后来知道这颗流星是一颗石陨星，不是铁陨星。

陨星来自温度极低的宇宙中，所以它原来的温度极低，在－120 摄氏度以下。陨星按成分可分为三类：石陨星（陨石）、铁陨星（陨铁）、石铁陨星。石陨星在下落时容易崩裂，落到地面上来的陨石常常比陨铁小。目前知道的最大陨铁约 60 吨，最大陨石才 1.7 吨。

陨星下落速度非常大，当它进入大气层时便急剧压缩它前面的空气，并与空气摩擦。压缩和摩擦空气所做的功，转变成大量的热，使陨星温度突然升高到上千摄氏度，达到白炽状态，许多物质就烧掉了、变成了气体。但陨星在大气中运行的时间极短，比较稠密的大气高度不过 50 千米，若运行轨道与地面垂直的话，时间就更短，只有几秒钟。这样短的时间，对于传热能力很差的陨石来说，热量有可能来不及传到核心部分。所以陨石落地后，只是外层的温度很高，能使沼泽里的水发生汽化。而核心部分原有的极低温度，能使周围的水和水蒸气急剧变成冰。人们看到的大冰块就是这样形成的。其实冰块里面才是陨石。

陨星的奥秘多得很，现在还没有被彻底认识，有待人们继续不断地去探索。

有趣的野炊

刚立春不久，天气乍暖还寒，三个同学约好去野游。一路上，他们有说有笑，又蹦又跳。他们看到大地泛绿，树翠欲滴，嫣红的桃花挂在枝头；小鸟在天上飞来飞去，喜鹊在树上喳喳直叫，河水淙淙地向远方流去，大家都在迎接新一年的美好生活！小孟是班里的诗人，他触景生情，随口吟唱道：

残叶溢绿绿欲滴，
枯枝染红红欲飞，
黄莺欢歌歌似水，
寒冬叫春春已归。

小勇、小利听罢情不自禁地欢呼起来。

后来，当他们选好一块空地准备热饭填肚子时，却遇到了麻烦。

“小勇，说好让你带个小锅，怎么不带？”

“没有锅怎么热饭吃呢？”

小勇一声不吭，慢慢地从书包里拿出一张牛皮纸来，展开摊平，好像是对不住大家似的样子。小利想坐上去，小勇急忙说：

“不能坐，这是咱们的锅！”

“锅？别开玩笑啦！”

“没错。你们快去找几块石头，摆成个锅台，再取些水来，我要放锅烧火热饭啊！”

小勇边说边把这张长方形纸三折两折折成一个纸锅。锅底是正方形的，边长正好是长方纸宽边的一半。看起来还很结实呢！

三块石头一摆就算锅台，纸锅里盛上从河里舀来的水，放上每人拿来的熟鸡蛋、袋装奶，下面点燃起枯树枝。过了一会儿，水真的烧开了，纸锅安然无恙。在这寒冷的春天，他们舒舒服服地吃上了熟鸡蛋，喝上了热牛奶。

等余火全都灭了，他们又开始野游。一路上却离不开纸锅的话题：

为什么水都开了，纸还烧不着呢？

纸达到一定的温度才能燃烧，这个温度叫燃点。一般的纸，燃点约为 180℃。火焰温度约 600℃，用火直接点燃，纸很容易烧起来。在纸锅里放进水以后，火的热量通过纸又传给水。平常，水的最高温度就是 100℃，远低于纸的燃点。所以只要纸锅里的水没烧干，纸锅的温度就不会超过 100℃，当然烧不起来。

第一个遨游太空的人

17 世纪，牛顿提出了“万有引力定律”，使我们实现了遨游太空的梦想。1961 年，世界上第一艘载人宇宙飞船——苏联“东方 1 号”成功发射升空，使全世界记住了一个名字：加加林！

尤里·加加林于 1934 年 3 月出生于苏联斯摩棱斯克州格扎茨克区的一个农民家庭。1951 年，他以优异成绩毕业于柳别尔齐职业中学，成为受训冶金工人并继续在萨拉托夫工业技术学校学习，业余时间学习飞行。1955 年，加加林以优异成绩从萨拉托夫工业技术学校毕业后，开始在奥伦堡航空军事学校学习飞行。两年后，他成为苏联北方舰队航空军团的一名歼击机飞行员。1959 年 10 月，在苏联首位宇航员的选拔赛中，加加林脱颖而出，并开始在苏联宇航员训练中心接受正规培训。在训练中，加加林以出色的飞行成绩成为苏联第一名宇航员。

1961年4月12日早晨，27岁的加加林准备开始历史上最冒险的一次旅行。莫斯科时间上午9时7分，随着“预备——点火”一声令下，火箭尾部喷出熊熊烈焰，顶着“东方1号”腾空而起，载着人类的第一位使者，向着宇宙空间奔去。

到达预定的高度以后，飞船进入环绕地球的轨道，开始作一圈4万千米的宇宙航行。这时，飞船里的一切物体都已经“失重”，加加林只要稍一用力，就可以使身体在座舱里飘浮；双手举起后要用力才能放下；写字时要用手牢牢地按住本子，以防它突然飘走。

当“东方1号”达到最高点时，加加林已经适应了失重的环境。这时，透过飞船厚厚的舷窗，加加林从太空中俯瞰地球。他惊异地发现，地球被一层淡蓝色的光笼罩着，陡峻的山脉、蜿蜒的河流、葱郁的森林、蔚蓝色的海洋。“真是太美了！”加加林由衷地赞叹道。

“东方1号”越过苏联、印度、澳大利亚和太平洋，完成了环绕地球飞行一圈的任务，地面发来了“返航”的指令。“东方1号”开始不断接近地面，当离地面还有7000多米时，加加林和座椅一起弹射出来，下降到4000多米时，座椅和加加林分离了，加加林以更慢的速度飘向地面。

惊心动魄的108分钟太空旅行终于结束了。加加林的壮举使人类数千年的梦想成为现实，标志着人类从此进入了太空时代。为了纪念这个划时代的成就，4月12日成了“世界航天日”。

降落伞上的孔

冬冬和玲玲一起去看跳伞表演，看得真开心！一个个半球状的伞，从天而降，飘飘若仙。还有高空踩伞，一个伞踩一个伞，五个伞叠成罗汉，在蓝天白云的映衬下，这些五颜六色的伞面，恰似开放在天空的鲜艳的花朵，令人赏心悦目！

回来的路上，冬冬忽然说：

“我有个问题不明白，为什么有的降落伞在伞面的正中央有个孔呢？”

“我还没注意呢，你看得真仔细。不过，我想，开这个孔，大概是为了减小阻力吧。”玲玲说。

“减小阻力干吗？降落伞不就是利用它的阻力吗？”“对啊！我记得老师讲过，降落伞下降时，对空气来说，相当于伞不动而气流向上冲，气流碰到伞面就被挡住了，这时它对伞面有一个向上的推力，可以使伞减速下落，保证跳伞员着陆的安全。既然降落伞是利用空气的阻力，为什么又开孔呢？”玲玲感到困惑了，冬冬反而笑了。他说：

“这正是我刚才问的问题呢！开了孔，阻力肯定减小，但绝对不是为这个目的而开孔的——你想，如果要减小阻力，把伞做得小一些不更方便吗？”

“那是为了什么呢？”

“让我们想想。首先，对伞有什么好处呢？应该承认，开孔不能使伞面更结实。其次，对人有什么好处呢？也不会是使跳伞员呼吸方便，除了伞和跳伞员这两个因素，下落时还有什么？”

“还有气流呗！”

“对，气流向上时，正中间的部分被伞阻挡，周围的部分沿着伞的圆周以外到伞上面去了。伞顶不是流线型的，这些气流不能顺畅地过去，必定在伞边出现旋涡……”

“这就叫涡流。可是，出现涡流与伞顶开孔有什么联系呢？”

他们带着疑问，一起去找雷老师请教。

雷老师告诉冬冬和玲玲：“第一，你们在推想中，逐个考虑这一事物中的三个要素：伞、人、气流，并在气流这个要素上发现了疑点，这样推想很有条理,能把握主攻方向,很好。第二,你们的推想,已经很接近正确答案了。开孔就是为了解决伞边上方的涡流所造成的问题。伞的四周都会有涡流产生,但这些涡流绝不会一样。这样,产生较大涡流的一边,使伞受的阻力增大,结果就使伞发生摇摆,不利于跳伞员控制下落的路线。伞的正中开孔后,有一股气流向上冲去,速度较大,这使得伞边上方的气流不容易形成涡流,而都随中央气流一起上升,从而保证了伞在降落过程中的稳定性。”

狂风掀掉房顶

从前,在南方一个山脚下有一个村落。村里搬来了一户木匠,手艺很好,他在村民帮助下盖起了新房。石头的墙,整齐结实,房顶的瓦,交错匀称,尤其是门窗,严丝合缝,刮风时,土都进不去,既美观又结实。

春天来到了,这里总要刮一个多月的大风。起风时,飞沙走石,树枝能被折断,有时连屋顶的瓦都被掀掉了。

一天夜里,风越刮越大。忽然屋顶咔咔作响,砖瓦落地有声,惊醒了睡梦中的木匠。一阵更大的风呼啸而过,只听“轰”的一声,木匠先感到顶棚向上鼓起,接着大风便从上面吹来。他大叫:

“不好!房顶被吹跑了!”

家人全被惊醒。

一夜过去,风渐息了。老小无伤,实属万幸。第二天大家帮着修房子。有个白胡子老者路过,看到此种情景,叹息道:

“哎,屋里刮进这么多土啊!”

“大爷,平时一点都刮不进来,这下都补上了。”木匠自嘲地说。

“你的门窗很严实,是吧?”老者问,但不等回答接着说,“这就对了,门窗不严实的,倒不容易把房顶刮走,就是这么个理。你这次重盖房顶,千万要在山墙上开两个窗户,一边一个,对着开。”

“您老是说在房顶下边顶棚上边开窗户？”

“是啊！开了窗，房顶就不容易被掀掉了。”

木匠半信半疑，但还是按老人的劝告做了。从此以后，无论刮多大的风，他的房顶再也没被刮掉过。

其中的道理是空气流动(就是刮风)时的压强比静止空气的压强小，流动得越快，压强就越小。大风刮来，房子上方气压降低，屋里的静止空气的压力高于屋外空气的压力，这个向上的压强差越大，房顶就越容易被向上掀起。房屋密封越好，这个压强差就越大，这是木匠的房顶被掀而村里其他房子没被掀顶的主要原因。在山墙上开了两个窗口以后，刮大风时会有一部分高速低压空气刮进屋内，减小了屋内外的压强差，房顶就不容易被掀了。

唐朝大诗人杜甫的名诗《茅屋为秋风所破歌》中第一句是：“八月秋高风怒号，卷我屋上三重茅。”现在你可以体会到，一个“卷”字用得多么准确、多么形象！风的确是将茅草卷吸向上去的。

蹦极运动来源于一个美丽的传说

蹦极跳作为一项勇敢者的运动，能极大锻炼人们向困难与恐惧挑战的勇气，将倍增大家做事成功的信心。蹦极跳作为一项娱乐健身活动，安全可靠，只要心理健康，身体状况良好，男女老幼，均可参加。当人们完成这勇敢的一跳，那种成功后的满足、自豪与喜悦之情，早已溢于言表。

公元500年前后，西太平洋瓦努阿图部落，一位土族妇女为逃避丈夫的虐待，爬上了高高的可可树，用一种当地具有弹性的蔓藤牢牢绑住脚踝，她威胁其丈夫要从树上跳下来，随后爬上来的愚蠢丈夫也说要跟着跳下去。于是，柔嫩的蔓藤救了女人的命，而暴虐的丈夫则命丧黄泉。该部落为了纪念这位勇敢的妇女，将绑藤从高处跳下发展为一种风俗习惯。他们依山建起一座由树桩和蔓藤捆扎而成20～30米的高塔,年轻的男子从上面俯冲而下,象征他们的成熟,成为了他们的成年礼。并向他们信奉的图腾祈愿部落的平安和丰收。

1979年4月1日,英国牛津大学冒险俱乐部成员从当地245英尺高的克里夫顿桥上利用一根弹性绳索飞身跳下,拉开了现代蹦极运动的帷幕,随后蹦极运动风靡欧美和太平洋地区,后来才被引进中国。

永动机的故事

人们很早就向往出现一种能够不停地对外做功,又不需要人来管理而自动运动的机器。历史上许多人为了设计这种永动机,甚至贡献了自己毕生的精力。他们设计过几百种"永动机",有的还很精巧,可惜都失败了。下面举几个例子。

1586年荷兰著名学者斯台文(1548～1620)的著作里有这样一个永动机。设计者原意是:三棱体上一边有4个球,一边有3个球,那么4个球就会将那3个球拉过来,使所有的球不停地运动。设计者尽量把它磨得很光滑,把棱角也磨圆,但仍是无济于事。

更早的时候还出现过构造精巧的设计。13世纪法国的亨内考设计了一个轮子,轮子的齿状边缘等距离地安装着一些活动杆,杆的端点装着一个重球,每个杆都有一定的活动范围。无论轮子在哪个位置,总是右边的重球离轮心远,左边的重球离轮心近。按杠杆原理,右边的重球就能向下压,使轮子转动,而且能一直转动下去,直到把轮轴磨坏为止。可是,实际上它并不能一直转动下去。

有位叫列奥纳多的也设计了一个精巧的永动机,在圆轮里装着能自由滚动的重球。在轮子转动后,右边的重球距离轴心比左边的远,右边的球就会压着轮子向右转——设计者就是这样希望的。

后来有人还设计了利用毛细现象的永动机。他设想,灯芯可以将下面容器中的油(用油不用水,是为了减少因蒸发造成的损耗)吸到上面的容器中去,被吸上去的油再从小口流下来,打在下面的叶轮上,使轮子转动。下落的油在做功后又回到下面的容器,又可被灯芯吸上去,轮子也应该永远转动下去。

经过多少个世纪多少代人的探索,人们终于从永动机的失败中走了出来,发现了能量守恒定律;发现了物体在摩擦、撞击时必定生热,而使能量消耗掉。所以要想不消耗能量而对外不断做功的永动机,是永远实现不了的。这些结论就是研究永动机的历史功绩。

在有了这些结论的今天,谁再煞费苦心去搞永动机,那就不仅是徒劳的,也是毫无意义的了。你尽可以用自己的聪明才智去探索新的能源、新的能量的转化途径,尽量减少机器的能量损耗去提高利用能量的效率,去研制新机器,千万不要再花精力去设计新的永动机了。

上面几种永动机不能永动的具体理由是:

三棱体上的小球,4 只虽比 3 只多,但它们所在斜面的倾斜程度不同,结果是两者向下的拉力相等。斯台文由此总结出:两边小球的重量之比恰好等于两个斜面的长度之比时,两边的力就可以保持平衡。他将其中的一个斜面变成竖直面,便进一步推导出了斜面的公式:

力∶物重=斜面的高∶斜面的长(或:力×斜面的长=物重×斜面的高)

这是简单机械的一个重要公式,它竟是由探索永动机而发现的。

有活动杆的永动机里,尽管右边球的力臂比左边的长,但右边的球却不如左边的多,左右两边的力矩(力×力臂)是相同的,也达到了平衡,而不会一直转动下去。

利用毛细现象的永动机,油能被吸上去,但不会再落下来,不然就不是毛细现象了,所以根本不会有油打在叶轮上。

千斤顶与水压机

要是有人告诉你，一只公鸡顶起了一头大象，你不认为此事是“天方夜谭”中的神话，就会认为它是荒唐的信口开河。其实，这种事情却是能做到的。当然，不是将公鸡放在大象的肚皮底下，而是需要借助一种工具——千斤顶，让公鸡将大象顶起。千斤顶是什么呢？它如何能产生公鸡“顶”起大象的奇迹呢？

千斤顶有大小两个圆筒，两圆筒的底部相连通，每个圆筒中部有一个与筒壁接触很紧密的活塞，活塞可以在圆筒中滑移。将两圆筒中注入某种液体时，将大象放在大活塞上面，而将公鸡压在小活塞上，此时，只要大活塞的面积比小活塞的面积足够大，一定得是足够大，那么一只普通的大公鸡就完全可以“顶”起大象。这神话般的力气从何而来？原来，它是来自千斤顶两个密封筒中的液体。

液体，如水、酒精、煤油……，都具有这样的一个性质，将液体装入封闭的容器内，那么加在其上的压强必然按原来的大小，由液体向各个方向传递。这个性质就是帕斯卡定律。千斤顶大小圆筒中的液体，由于两活塞与筒壁接触是很紧密的，因此是被封闭的液体，它也遵守帕斯卡定律。

当千斤顶的小活塞有一个向下的压力，会产生对液体的压强。这时，液体将从小活塞得到的压强原封不动地传递到大活塞上，从而使大活塞得到一个向上举的力。既然大、小活塞上的压强相等，那么大、小活塞受到的力，便与它们的面积成正比。假如大小活塞面积之比为 1000∶1，那么，对小活塞加 10 牛的压力，大活塞上便可得到 10000 牛向上举的力。这就不难理解，为什么会出现公鸡“顶”起大象的奇迹。

有时候，满载货物的汽车突然中途抛了锚，司机便拿出这种千斤顶，将它放在汽车底盘下摆好，然后，司机上下摇动着千斤顶的手柄，千斤顶便伸起脖子,顶住底盘。当司机继续摇动手柄时,整个车身就非常安稳地被它缓慢地抬起,司机便可以开始修理。一旦故障排除,收回千斤顶,汽车又将在公路上奔驰。

除千斤顶外,那举世闻名的万吨水压机,更是力大无比。几百吨重的特大钢锭,只要放进它那张大嘴,它便能像揉面团似的将钢锭锻压成各种形状。水压机巨大力量的来源,也离不开液压的传递。

万吨水压机虽然身高体壮,像座小山,可它却制造得非常精密。你想一想,万吨水压机中水的压强,可以达到几百个大气压强,即每平方厘米几千牛的压力。万一水射出来了,那是非常危险的。这么高的水压,只要窜出一小股,它就会穿透人体,将人置于死地。因此制造时,每个部件都要做得具有高度的精密性、密封性、准确性和灵活性。

万有引力

——为了“日心说”的奋斗

中世纪的欧洲,教会拥有极大的权力,教会信奉上帝创造了人类,同时为人类创造了一切。因此,人类以及人类生活的大地自然应居于宇宙的中心,而天上的诸星都应围绕地球这个宇宙中心而运行。

哥白尼却发表了“日心说”,他认为行星都是以太阳为中心而做圆周运动的,地球只不过是一颗普通的行星而已,它也围绕太阳运转。

对于太空中行星运动的复杂性,哥白尼指出,这是由于地球有两种运动所导致的结果。地球的两种运动是:它一方面像其他行星一样绕太阳公转,一方面像陀螺一样自转。哥白尼还由地球从西向东不停自转说明了昼夜交替的现象以及星空的转移。生活在地球上的人们,总是不自觉地以地球为参照物来观察星空,这样便看到所有天体向地球自转的相反方向转动,这便是太阳东升西落以及星空转移现象的原因所在。另外,哥白尼还由地球绕太阳公转来说明我们所见到的太阳与诸星之间的移动。总之，哥白尼的“日心说”简单地说明了天体运行的规律。

由于“日心说”建立在充分有力的论证上，同时由它的理论计算出来的行星位置比那混乱繁杂的“地心说”计算出来的行星位置要精确得多，因此，哥白尼的“日心说”一诞生，就显出了它的无比威力。

哥白尼的“日心说”，不但正确地描述地球本身的运动，而且把地球从宇宙中心的宝座上拉了下来，把它降低到与其他行星一样的行列中，这一点，是尤其重要的。它与一直占据着统治地位的“地心说”有着根本的区别，与亚里士多德以来的传统观念根本对立，与教会的教义唱反调。“日心说”动摇了教会统治的基础，因此，“日心说”便被教会视为异端，哥白尼面临着残酷的迫害。他的著作《天体运行论》出版以后，就被教会列为禁书。信奉“日心说”的人被教会列为信奉异端邪说的异教徒并加以迫害。

意大利的哲学家布鲁诺，不仅信仰哥白尼首创的“日心说”，而且使它获得飞快发展。他指出，宇宙是无限的，太阳并不是宇宙的中心，它只不过是众星之一，只是太阳系的中心。并认为在其他星系中也会有行星运转，在它们上面也可能居住着有思想的生命。布鲁诺的这些见解，给人们展示了一幅令人神往的宇宙图像，直接违背了教会的教义。因此，教会把布鲁诺视为凶恶的敌人，并将他投入监狱，拷问达 7 年之久，妄图迫使布鲁诺改变自己的信仰和见解。然而，这一切却丝毫也动摇不了他的坚强信念。最后，教会将布鲁诺活活烧死。

意大利的物理学家、天文学家伽利略，用自己制作的望远镜对天体运行进行了多次观察，证实地球确实绕太阳运转。尤其令人瞩目的是，他观测到木星周围有四颗卫星绕它转动，金星也存在类似月亮的盈亏现象，这些都为哥白尼的“日心说”提供了证据。为此，69 岁的伽利略被教廷传讯，并施以酷刑。最后双目失明，于 1642 年含冤去世。

布鲁诺为捍卫真理而被教会活活烧死，伽利略也为此备受酷刑。

然而，真理却并不是教会一把火所能烧毁的。相反地，“日心说”却由这些不畏强暴、不怕牺牲的人捍卫、继承下来，同时经过许多后来人的深入研究而得到补充、日益发展，并为人们普遍承认、普遍接受。

1980 年，国际上还成立了一个审理委员会，专门为伽利略案件平反。

勤奋的开普勒

在哥白尼之后，丹麦有位著名的观测家，名叫第谷。他通晓哥白尼的学说，然而他却不赞成“日心说”。他对天体运行的规律提出了一种既不同于“地心说”，又有别于“日心说”的方案，认为月亮、太阳绕着地球转，而行星围绕着太阳转。当然，这种方案是不正确的。但非常重要的是，第谷从事过长期的天文观测。他在丹麦的一座天文台进行过 20 多年的天文观测，这座天文台拥有当时最好的天文观测仪器，而这些仪器中有许多是第谷亲自设计的。第谷对行星的观测都是十分精确的，而每次观测都作了详细的观测记录。20 多年积累下来了大批观测记录。

第谷的几位助手中，有一位德国人，他的名字叫开普勒。在学生时代，开普勒便对数学和天文学有着浓厚的兴趣。由于发表过有利于哥白尼学说的见解，为此受到天主教徒的迫害，几经迁移，最后不得不迁往布拉格。也正因为这样，他才有机会当上第谷的助手。开普勒当第谷的助手时间不长，第谷便去世了。在以后的岁月里，开普勒更加勤奋地工作，他醉心于将行星的运行规律用某种数学形式表示出来。为此，他致力于研究他的老师第谷生前留下来的大量观测资料。

哥白尼的行星轨道是正圆形的。这是因为当时的人们认为，圆周是最完善、最美的图形，同时从当时的观测结果来看，行星的轨道也几乎与正圆形没有什么差别。

根据第谷的资料，开普勒发现，哥白尼的圆形轨道只是近似的，而行星的实际轨道并不是以太阳为中心的正圆周。对此，开普勒进行了大量的分析与计算。他曾精细地采用各种各样的圆组合曲线，企图用此来说明行星的轨道。但无论如何组合，也不能与第谷的观测资料相符。而对于老师的观测记录，开普勒是深信不疑的。于是，他摒弃了完美的圆形轨道以及圆组合轨道的设想，最后终于找到椭圆轨道这种形式作为行星运行的轨道。开普勒采用这种形式的轨道以后，计算的结果与观测的实际位置完全吻合。至此，他确定，行星轨道是椭圆形的而不是圆形的。他终于找到了哥白尼学说与实际情况偏差的根源。在这个基础上，开普勒总结出了行星运动的三个重要定律——著名的开普勒三定律：

第一，各行星都沿着各自的椭圆轨道运行，而太阳位于椭圆的一个焦点上。这些椭圆与圆周比较接近，当要求不十分精确时，可以把它们当成圆周；

第二，在行星运动中，行星与太阳之间的连线在任意相等的时间内扫过同样的面积。不难看出，行星靠近太阳时，速度快，远离太阳时，速度慢；

第三，各行星绕太阳公转一周的时间 T（称为周期）的平方跟轨道的平均半径 r（即太阳到行星的平均距离）的立方成正比。

用这些定律计算出来的行星位置，是十分精确的。至此，人们对各个行星是如何运动的这个问题就已得到比较满意的解决。

比萨斜塔不倒之谜

比萨斜塔坐落在意大利古城比萨大教堂的广场上，1173 年建筑师博纳诺·皮萨诺开始建造。当建到第三层时，塔身开始倾斜，博纳诺·皮萨诺只得把工程停了下来。1194 年后，建筑师迪·西蒙内恢复建塔，他试图将倾斜的塔身调直，可是没有成功。由于迪·西蒙内死于 1284 年的战争中，建塔工程再度搁置。直到 1350 年，该塔才由建筑师托马索·皮萨诺最后完成。竣工时，因塔顶中心点已偏离垂直中心线 2.1 米，所以被人们称为“斜塔”。600多年来，塔身继续缓慢地向南倾斜。据自1911年以来的系统测量表明，它平均每年向南倾斜大约1毫米。如今，塔顶已南斜5.3米，斜度为5°6′。

塔身为什么倾斜？根据地下钻探的土样，已查明塔基下面地表至10米深度是混砂层，10～40米深度是含很多结合水的黏土层，再往下是含自由水的砂层。这层黏土层在建筑物的压力作用下，部分结合水就会被挤出来，跑到下面的砂层中去，造成黏土层的压缩和沉降，使塔倾斜。当下面砂层的自由水被人为地抽汲而造成压力下降时，这种黏土层的压缩和沉降还会大大地加速，导致斜塔的倾斜速度加快。据测定，在从砂层中抽汲地下水的时期，斜塔的倾斜速度曾增至每年2毫米，比以前加快了约一倍。后来，人们发现了这个问题，停止抽汲砂层中的地下水，斜塔的倾斜速度才恢复原来的数值。这座塔为什么向南倾斜？据比萨大学一位老教授的解释说，可能是受太阳光的影响。因为意大利是在北半球，南面的大理石受日照强，热胀冷缩产生的力对地面的土层起着不间断的冲击作用，所以向南倾斜。另外，斜塔是在比萨城北部，原来抽取地下水的位置在它南面，南部地面沉降也可能造成塔身加速南倾。

眼下，塔顶中心点偏离垂直中心线已近5米。不过。按照目前的倾斜速度，比萨斜塔在未来的200年内还不会倒塌。这是因为从它的重心引下的竖直线并没有超出它的底面的缘故。

曹冲称象的故事

据说，东汉末年，吴国孙权送给曹操一头大象，曹操十分高兴。大象运到许昌那天，曹操带领文武百官和小儿子曹冲，一同去看。距今一千七八百年前的时候，既没有动物园，也没有电影，所以东汉朝廷中的文武官员，从来都没有见过这种来自热带的庞然大物，因此十分惊奇，曹操也是如此。这大象又高又大，光是腿就有大殿的柱子那么粗，人走近去比一比，还够不到它的肚子。大概是出于好奇心的缘故，曹操很想知道这么大的一头大象，到底有多重呢？

要是现在的话，称一头大象的体重，那是没有困难的。只要让大象通过地磅，马上就可以知道大象的重量。可是，在那个时候，称重量用的是杆秤，要用它来称这么一头大象的重量，简直是不可思议的。怎么办呢？曹操邀请了他手下的谋士提供办法，又请教了一位有学问的老年人。结果也没有找到一个行之有效的办法来。

曹操对大家说："这头大象真是大，可是到底有多重呢？你们哪个有办法称一称它？"嘿！这么大个家伙，可怎么称呢！大臣们纷纷议论开了。

一个说："只有造一杆顶大顶大的秤来称。"

另一个说："这可要造多大的一杆秤呀！再说，大象是活的，也没办法称呀！我看只有把它宰了，切成块儿称。"

他的话刚说完，所有的人都哈哈大笑起来。大家说："你这个办法呀，真叫笨极啦！为了称称重量，就把大象活活地宰了，不可惜吗？"

大臣们想了许多办法，一个个都行不通，真叫人为难了。正当大家苦于没有办法的时候，曹操的小儿子曹冲出来了，他走到他父亲跟前，对曹操说："父亲，我有个办法，可以称大象。"

曹操一看，正是他最心爱的儿子曹冲，就笑着说："你小小年纪，有什么办法？你倒说说，看有没有道理。"

曹冲把办法说了，曹操一听连连叫好，吩咐左右立刻准备称象，然后对大臣们说："走！咱们到河边看称象去！"

听说曹冲能称出象的重量，文武百官都十分惊奇，人人都想知道曹冲到底用什么办法来称这只庞大动物的重量的。

只见曹冲把大象赶到河边，曹操以及朝廷中的文武官员也都跟随曹操来到河边。河里停着一只大船，曹冲叫人把象牵到船上，等大象站稳之后，他便在船舷上齐水面的地方，刻了一条线。再叫人把象牵到岸上来，把大大小小的石头，一块一块地往船上装，船身就一点一点往下沉。等船身沉到刚才刻的那条线和水面平齐了，曹冲就叫人停止装石头。

大臣们睁大了眼睛，起先还摸不清是怎么回事，看到这里不由得连声称赞："好办法！好办法！"现在谁都明白，只要把装在船头上的石头一筐一筐地用杆秤称出来，相加以后所得到的石头的重量，就等于大象的重量。

站在岸上观看的人无不称赞曹冲的智慧。曹操自然更加高兴了。他眯起眼睛看着儿子，又得意扬扬地望望大臣们，好像心里在说："你们还不如我的这个小儿子聪明呢！"

你如果见过轮船的话，一定可以发现轮船上都画有吃水线，用它表明这艘轮船所能载重的最大限度。轮船装载货物时，只要观察水面距吃水线的高度，就可以判断所装货物的重量离最大载重限度有多少。你想，这个方法不是与曹冲称象的方法很类似吗？曹冲称象的方法，实际上是一种"化整为零"的方法。

怀丙捞铁牛

在我国古代巧用浮力原理的事例还多得很。与曹冲称象相似的，还有山西省永济县的铁牛搬家。

北宋时期，山西河中府的黄河上，有一座浮桥。浮桥又叫舟桥，是用粗铁索将许多小船并排地连结而成的。这座桥是用四根大铁链把许多小船串连起来，再在铁链上架上木板搭成的。在浮桥两边的河岸上，各有四头大铁牛，每头都有几千斤重。把每根铁链的一头紧紧地拴在铁牛的身上，这样，浮桥既牢固又稳当。

有一年夏天，黄河河水暴涨，把浮桥冲断了，连岸上的大铁牛，也被拖到水底下去了。这么一来，浮桥两边的人们，有事过不了河，很不方便，纷纷要求官府快一点把浮桥修好。可是要修好这座浮桥，并不是件容易的事。就拿拴浮桥的铁牛来说，一头铁牛有几千斤重，一下子怎么能铸造得出来？于是官府决定把原来的铁牛从水底下捞上来。可是黄河水那么深，又那么急，铁牛那么重，怎么捞呢？人们一时都想不出办法来。于是，官府贴了一张告示，要大家一起来出谋划策。

这时，一个和尚说："我来试试看，铁牛是被水冲走的，我还叫水把它们送回来"。和尚先请熟悉水性的人潜到水底，摸清了铁牛沉没的地方。他让人准备两只很大的木船，船舱里装满泥沙，慢慢地行驶到铁牛沉没的地方。船停稳了，他叫人把两只船并排拴得紧紧的，用结实的木板搭个架子，跨在两只船上。又请熟悉水性的人带了很粗的绳子潜到水底，把绳子的一头牢牢地拴住铁牛，绳子的另一头绑在两只大船之间的架子上。

准备工作做好了，和尚请水手们一起动手，把船上的泥沙都铲到黄河里去。船里的泥沙慢慢地少了，船身慢慢地向上浮，拉住铁牛的绳子越绷越紧，靠着水把船向上托的浮力，铁牛一点一点地从淤泥里被向上拔。

船上的泥沙搬空了，铁牛也离开了河底。和尚让水手使劲划桨，两只大船终于把水里的铁牛拖回到岸边。和尚用同样的办法把一只一只大铁牛都拖了回来。

这个和尚就是怀丙。

现代打捞沉船也是利用浮力。办法是派潜水员下潜到沉船地点，清理现场，给沉船拴上好些个软浮筒；这些浮筒原来是瘪塌塌的，充气后胀大，产生浮力，将沉船拉上水面；最后用拖船将沉船拉回来。这与怀丙和尚打捞铁牛，真是异曲同工呢！

救命伞

我国古代有个叫舜的帝王。有一次，他的父亲想杀他，把他骗到了高高的粮仓顶上，从下边放起一把火。舜急中生智，抓着两个大斗笠从上边跳下来。

舜被摔死了吧？没有。那两个大斗笠救了他的命。原来，斗笠的凹面向下，当人在空气中向下运动时，凹面把气流兜住了，产生了比较大的阻力，这就是降落伞的雏形。

国外降落伞的出现比我国晚了许多年。1495 年，意大利著名的艺术家和科学家达·芬奇设计了一个金字塔形的降落伞，但他没有实践过。1595 年，一位名叫韦拉齐奥的意大利人在一个木头架上安上帆布，成功地从塔顶上跳下。1628 年，意大利监狱里有个名叫拉文的犯人，想找个机会逃跑，可是当时的监狱是个很高的堡垒。于是他偷偷找到一把雨伞，用许多小细绳把雨伞的每根辐条系住，把小绳的另一头攥在手里，抱着张开的雨伞跳了下去。拉文跳伞的成功，使航空家发生了很大的兴趣。1783 年，法国人勒诺艺制作了一个形同雨伞的降落伞，从塔顶上安全跳下。1785 年，法国人白朗沙采用重物来进行高空试验：从气球上乘伞下降获得成功。

对降落伞作出杰出贡献的，要数法国的加纳林。1797 年，他用薄帆布做了一个降落伞，吊在热气球下面，升到高空后再切断与气球相连的联系，从 9000 米高的气球上跳下，顺利完成了第一次跳伞。他设计的降落伞，可以说是现代圆形伞的雏形。

19 世纪末 20 世纪初，出现了完全用织物制成的全伞衣。1901 年，美国跳伞员布罗德威克设计出伞包，使包装后的降落伞体积大为缩小。不久，他又发明了背带，使降落伞可以背在跳伞员身上。

1912 年 3 月 1 日，美国飞行员贝利成功地用降落伞从飞机上跳下。1918 年，一次德国飞行员驾驶的飞机突然发生故障，他依靠降落伞侥幸逃生。降落伞的救生作用普遍得到重视。

人从高空中向下落时，速度能达到每秒几十米以上，撞在地上肯定会粉身碎骨。如果张开一把救命的伞，情况就大不相同了：一个迎风面积为20～30平方米的降落伞，它产生的空气阻力可以使人的下落速度减少到5米/秒左右，和从1米高的地方跳下来差不多，这当然不会有危险了。飞机发明以后，降落伞不知拯救了多少飞行员的生命。随着时代的推移，降落伞的用途远远超过了救生的范围。第二次世界大战中，苏联首先用降落伞空降伞兵和作战物资，立了赫赫战功。气象站利用降落伞收回探测仪器。行星探测器借助降落伞，在行星表面缓缓着陆。宇航员从天外归来时，有时也张开降落伞安全着陆。降落伞还被广泛用于体育跳伞运动中。

几十年来，降落伞有了飞快的发展。方形伞、圆形伞、导向伞、带条伞……纷纷出现，材料也由棉和丝绸发展到尼龙。20世纪70年代的降落伞，它不但可以下降，还能滑翔，是降落伞研制上的重大突破。

自由落体

——羽毛和铁块会同时落地吗

众所周知，羽毛的重量是非常轻的，我国古语中就有“轻如鸿毛”这样的说法，而铁块是非常重的，拿在手中感觉总是沉甸甸的。那么如果在高处把同样重量的羽毛和铁块同时抛下，谁会先着地呢？也许你会想，铁块那么重，当然是铁块先落地啊！可是，事实真是这样吗？

世界古代史上最伟大的哲学家、科学家、教育家——柏拉图的学生、亚历山大的老师——亚里士多德认为，地球是宇宙的中心，是一切空中运动物体的天然归宿。物体的重量越大，其趋向天然位置的倾向也越大，所以其下落的速度也越大。简单地说，就是物体下落的速度与质量成正比。这样的解释就可以说明许多事物，比如说羽毛比石头轻，它的下落速度就会比石头慢。

亚里士多德的许多思想被人们所坚信，再加上他的学说被宗教所利用，因此，他的空中物体自由运动理论便成为了当时最经典、最权威的理论，统治人们的思想达两千年之久。

众所周知，亚里士多德是古希腊著名的哲学家、科学家。在伽利略所处的时代，他的话往往被人们视为真理。他的著作及理论对后来的哲学和科学产生了极其深远的影响，至今，仍有不少哲学家、科学家对他顶礼膜拜，常在著作和论文中引用他的话。

与所有追求真理的人一样，伽利略也对亚里士多德十分崇拜。他虔诚地阅读着亚里士多德的著作，并被这位伟大科学家渊博的知识、精辟的见解所倾倒。然而，他并不像其他的崇拜者一样，把伟人所有的话都当成真理而盲目地接受，尽管当时他只有20岁。

当时，伽利略是意大利比萨大学的一名学生。一天深夜，他正在学校里专心地读书，而且读的恰恰是亚里士多德的著作。书中的内容深深地吸引了他，他如饥似渴地读着，可是当他读到“重的东西落地快，轻的东西落地慢”这句话时，不由地愣住了：“真的是这样的吗？”他觉得这句话似乎有问题。躺在床上，他仍然反复地推敲着这句话，不敢有丝毫疏忽，它是不是错误的理论呢？第二天，伽利略急切地找到老师，并把自己的想法说了。没料到，老师竟然不能容忍自己的学生会有如此狂妄的假想，竟恼羞成怒地说：“重的东西落地快，轻的东西落地慢。这是先师亚里士多德告诉我们的。他的话就是真理，谁也不能怀疑！”

此时，在科学面前，伽利略也大胆地与老师辩论。他慷慨激昂地说：“照亚里士多德的说法，那么把100个1磅重的物体捆绑在一起，让它从高处下落，速度不就能比1磅的重物体快99倍吗？这怎么可能呢？因为，不论重的或轻的物体，它们下落的速度应该是一样的。”“我们应该坚信亚里士多德的话，怀疑他就意味着背叛真理，就是有罪！”老师的话也非常武断。

伽利略不想再同老师这样争下去了，这样下去肯定是没有结果的。

作为科学工作者,自己难道不该有大胆地怀疑一切的态度吗？即便是被前人认定的真理我们也要持怀疑态度。可是他心里还是感到非常委屈,尽管他还不敢肯定自己是对的,但真理不怕雄辩,他必须通过实验来证明,让事实说话才是最好的证明。

1590年,伽利略要在比萨斜塔上做一项实验,以否定亚里士多德的话的消息很快传遍了比萨城。想看稀奇的人都盼望着这一天,他们有的捍卫亚里士多德,有的拥护伽利略。更有一些教授对他嚷道:“伽利略,你别太狂妄、太自不量力了,别做这种实验了,你会当众出丑的!”

这是一个晴朗的日子,只见塔四周的围观者黑压压的一片。怀着各种心情的观众一齐仰望着斜塔,注视着54米高的塔顶,凝视着伽利略。真理是不惧怕邪恶的。只见伽利略从助手的手中接过两个铁球,随即向观众宣布:“这两个铁球,一个重100磅,另一个重1磅,现在我同时把它们丢下去,请诸位都看清楚,这两个球将会同时着地。看好,开始了!”此时,万双眼睛都同时注视着这两个铁球,人们看见两个重量不同的球,由慢到快地下落,但速度相同,最后几乎同时落地。

顿时,比萨斜塔下沸腾起来,欢呼声、掌声响成一片:“伽利略！伽利略！真理永远与你同在!”

这项实验完全推翻了向来被奉为权威的亚里士多德的理论——物体降落的速率与该物体的重量成正比关系。据此伽利略进一步研究,得出这样的结论:在可以忽略空气阻力的条件下,一起下落的各种物体都会同时落地,也就是说,物体下降的速度与质量无关,这就是著名的自由落体定律。

从伽利略创立自由落体定律的事实中我们可以看出:对权威的理论、观点,我们一方面要认真学习,深刻领会,另一方面也要大胆怀疑,只有这样才会有所突破、有所创新。任何迷信权威、不敢越雷池一步的人,是不可能有什么发明创造的。

伽利略的这一科学发现，不仅在物理学史上而且在整个科学史上都占有极其重要的地位。他不仅纠正了统治欧洲近两千年的亚里士多德的错误观点，更创立了研究自然科学的新方法。伽利略在总结自己的科学研究方法时说过：“这是第一次为新的方法打开大门，这种将带来大量奇妙成果的新方法，在未来的年代里，会博得许多人的重视。”后来，荷兰物理学家惠更斯继续了伽利略的研究工作，他导出了单摆的周期公式和向心加速度的数学表达式。牛顿在系统地总结了伽利略、惠更斯等人的工作后，得到了万有引力定律和牛顿运动三定律。

伽利略留给后人的精神财富是极其珍贵的，对此，爱因斯坦曾有过这样的评价：“伽利略的发现，以及他所用的科学推理方法，是人类思想史上最伟大的成就之一，而且标志着物理学的真正的开端！”为了纪念伽利略的功绩，人们把木卫一、木卫二、木卫三和木卫四命名为伽利略卫星。

伽利略是近代实验科学的先驱者，是意大利文艺复兴后期伟大的物理学家、天文学家、数学家、哲学家，也是近代实验物理学的开拓者，被誉为“近代科学之父”。在历史上，他首先在科学实验的基础上融会贯通了数学、物理学和天文学三门知识，扩大、加深并改变了人类对物质运动和宇宙的认识。为了证实和传播哥白尼的日心说，伽利略献出了毕生精力。为此，他晚年受到教会迫害，并被终身监禁。

神奇的大气压强

今天，几乎人人都知道大气压无所不在，钢笔吸入墨水、用吸管喝饮料都离不开大气压的帮助。那么，你知道大气压力究竟有多大吗？让我们来看看科学家们的解释吧。

古希腊著名学者亚里士多德曾有“大自然讨厌真空”的结论，意思是大自然不允许真空的存在，在大自然中，空气无所不在，一旦真空出现，空气会立即将真空填补。这似乎可以解释大自然中的虹吸现象，但是，新的问题接踵而来，一旦虹吸管跨越高度为10米以上的山坡时，水就输不上去了。这是为什么？亚里士多德没有就这个问题做出回答。

第一个注意到空气有重量这一事实的人是意大利著名的科学家伽利略。他曾将一个装有空气的瓶子密封起来，放到天平上与一小堆细沙平衡。然后，他设法用打气筒往这只瓶子里打进更多的空气，再密封称量。结果发现，瓶子比以前重了一些，必须在沙堆里再加上一两粒细沙才能保持平衡。显然，瓶子变重是因为里面的空气增加了。因此，伽利略得出了结论：空气是有重量的，尽管它的密度很小。伽利略试图解释虹吸管10米的局限产生的原因，他认为，那是因为大自然对真空的“厌恶”也有某种限度，到了10米以上的真空，它就不再厌恶了。但这种说法没有根据。

直到伽利略的学生托里拆利才给出了科学的解释：空气有重量就会产生压力，就像水会产生压力和浮力一样。虹吸现象的产生正是因为空气的压力将水往管子里压，可一旦压到10米的高度时，水柱的重力和大气的压力持平，水就压不上去了。

那么，大气压力是不是就等于10米水柱的重力呢？为了证实这一点，托里拆利和他的助手设计了一个简明而又精巧的实验。他特制了一根一米长的玻璃管，一端封闭起来，一端开口。然后将密度为水的13.6倍的水银注入管内，用手指摁住开口的一端，再将管子颠倒过来放进盛满水银的大瓷碗中，然后再放开手指。这时，管中的水银很快下降，流到碗里，但是，当管中水银的表面下降到距离碗中的水银表面还有76厘米时，就稳稳地停住了。稍微换算一下，就可以知道，76厘米高的水银柱产生的压强，正好和10米水柱产生的压强相等。直到今天，物理教材谈到大气压时仍会引用这个实验证明大气压的大小。

但是，几百年前，只有科学家们知道大气压的秘密，大多数人们还对大气压的作用惊奇不已。为了让人们大致了解大气压，1654年的一天，一位名叫格里克的科学家在德国东南部马德堡的小镇上利用大气压做了一个试验，吸引了成千上万的观众，甚至当时在位的皇帝也圣驾光临。

表演在镇中心的广场上进行。16 匹雄赳赳气昂昂的骏马，分成左右两队，每队各 8 匹。两队骏马彼此背向排列，用铁链和绳索牵引着一个直径为 25 厘米的铜球。这只铜球是表演者格里克事先在铁器店里定做的，中间是空心的，它由两个半球合拢而成。两个半球的边缘经过精心打磨，能紧密地吻合在一起而不会漏气。表演之前，格里克先用抽气机将铜球内的空气全部抽光，铜球里面形成了真空。

“开始！”格里克一声令下，两边的马夫策马向各自的方向奔去。谁知这些马使足了劲儿往前拉，却怎么也无法将两个半球分开。

16 匹高头大马居然拉不开这两个紧紧地贴合在一起的半球！大家都傻眼了。这时，格里克让骏马停下来，然后拿起铜球，轻轻地拧动开关，只听“哧”的一声，铜球被轻而易举地分开了。

多么神奇啊！格里克解释道：“其实这里面也没有什么魔力。铜球里面的空气被完全抽走后，球面所受到的大气压力将两个半球紧紧地挤压在一起，这个力非常大。而一旦把空气再放回铜球里面，里外压力相等，就很容易将它们分开了。”

血压计的发明

用于测量人体血压的工具——血压计的发明与研制源于 18 世纪初的英国，医生哈尔斯把自己家里饲养着的一匹心爱的高头大马作为测试血压的对象。哈尔斯将一根 9 英尺长的玻璃管与一根铜管的一端相连接，接着将铜管的一端插入马腿的动脉内，然后使玻璃管垂直，让马腿动脉血管里的血顺着玻璃管上升，这样就测到马的血压为 83 英寸的高度。这就是世界上的第一次血压测量。很明显，这样测量血压既不安全，也不方便，特别是对血管的破坏更严重，是难以用于人类的。

于是，到 1896 年，意大利人里瓦·罗克西在哈尔斯测量马的血压的试验基础上，终于改制成了一种不破坏血管的血压计。这种血压计由袖带、压力表和气球三个部分构成。测量血压时，将袖带平铺缠绕在手臂上部，用手捏压气球，然后观察压力表跳动的高度，以此推测血压的数值。显然，以这种血压计测量血压较之哈尔斯的测量方法要科学、安全得多。但是，它也有很大的缺陷，只能测量动脉的收缩压，而且测量出的数值也只是一个推测性的约数，欠准确性。

为了克服这些不足，大约10年后，俄国人尼古拉·科洛特科夫对罗克西的血压计进行改造。基本构造不变，只是在测定血压时，另在袖带里面靠肘窝内侧动脉搏动处放上听诊器。在测量时，当听到听诊器中传出的第一个声音时，水银柱所达到的高度就是收缩压，接着水银柱下降，到脉搏跳动声音变弱时，此时水银柱所达到的高度就是舒张压。大量临床应用证明，这种血压计测定血压的方法既科学，又安全、准确。所以，它一直沿用至今。

“玩水”产生的压强定律

60年代初，我国上海江南造船厂制成了一台万吨水压机。它的重量加起来总共也不过2200吨，而它产生的压力可达12000吨，超出其总重的4倍多。若是将一个巨大的钢锭放在它的脚下，很快就会被压成一张薄薄的铁饼，谁见了都会目瞪口呆。

你可能产生这样的疑问：它为什么会有那么大的力量呢？答案却不复杂，因为水压机是根据“帕斯卡定律”来制造的。“帕斯卡定律”是什么？它又是如何被发现的呢？

布莱斯·帕斯卡，法国著名的数学家和物理学家。他的父亲就是一位数学家，在家庭的熏陶下，帕斯卡12岁时就根据欧几里得的几何学创立了自己独特的几何体系。不仅如此，帕斯卡不但是位杰出的科学家，他的哲学散文集《沉思录》也是文学经典之作。

帕斯卡从小就对大自然充满好奇，常常思考一些他认为有趣的问题。有一天，他在上学的路上，看到园丁准备浇花，只见园丁把又长又扁的水管接在水龙头上，拧开水龙头，扁水管一下子变得圆鼓鼓的，水流进了花园。帕斯卡趁浇花的园丁不注意的时候，悄悄把双脚站到水管上，想压扁管子堵住水，可根本堵不住，水照样从他脚下的水管中流过，他又蹲下来，用手按水管，脸都憋红了也没能按住。浇花的园丁走过来，拍拍他的肩膀，吓了他一跳。他以为那位园丁会责怪他，谁知园丁反而笑呵呵地对他说：

"你这个小家伙，是想按住水管吗？"

"嗯。"

"就你这样的小不点儿怎么行呢，就是七八个人，只怕也按不住哟！"

"水有这么大的力量吗？"

"当然啦，看，它喷得多高啊！"

帕斯卡顺着园丁手指的方向看去，只见靠花园这头的水管上有几个细孔，水从细孔中喷出，喷得老高。"真的，它们画的都是抛物线呢。"帕斯卡一蹦一跳地跑过去，伸手挡住一根"抛物线"，手心被射得怪痒痒的。

帕斯卡不禁产生了这样的疑问：水进了水管为何要往前跑？水本来是往低处流，为何水管里的水要往高处流呢？为何它能把水管胀得圆鼓鼓的？细孔里流出来的水为什么能喷那么高？

这些问题，浇花的园丁哪能回答得上来。回家后，他问爸爸，没料到平常他认为最有学问的爸爸也答不出，反而还教训帕斯卡："算了，把书本学好就行了，别整天想这想那的。"爱弄个究竟的帕斯卡可没有就此作罢，既然从别人那里得不到答案，就自己做实验，他弄来一段水管，接在水龙头上，把另一头扬得高高的，看水往外喷。他还用钉子把好水管钻上几个孔，让水也从小孔里喷"抛物线"。

帕斯卡的爸爸见到了，更加生气："怎么学会玩水了，你这孩子变了，不做正经事了。”

“玩水有什么不好，我有几个问题弄不清楚嘛！”帕斯卡照样我行我素，挺有兴趣地摆弄着水管。经过多次细心的观察后，他发现了一个有趣的现象：从小孔里喷出的水流都是一样长。

没多久，水管就破烂不堪，帕斯卡又找来较薄的橡皮管子弄了好一阵才把管子安到水龙头上。细管子顿时被撑得又粗又壮，小帕斯卡睁大惊奇的眼睛想：“水究竟从哪儿来的这么大的力量？”

帕斯卡决心把这个问题弄个水落石出。他好不容易弄来一个四周扎有一些小孔的空心球，然后把球上连接一个圆筒，圆筒里安了个可以来回移动的活塞。他将球和圆筒里灌满水，然后用力往里按活塞，水便从球四周的小孔里均匀地向外喷射，这真是太好玩了。

帕斯卡弄了一遍又一遍，经仔细观察，他发现：如果轻轻地按活塞，空心球里面的水向外喷射的劲儿就不大；按活塞的劲儿越大，水向外喷射的劲儿就越大；如果不按活塞，水也就不向外喷。帕斯卡觉得真是太神秘了，但他怎么也弄不清楚秘密之所在，可也并不急于去问爸爸，认为应该自己解决问题。

后来，帕斯卡渐渐长大了，但玩水这件事他怎么也忘不了，并且想揭开这个秘密的愿望也愈来愈强烈了。他便继续进行他的“玩水”实验，不过这次不是在水龙头下悄悄地玩，而是在实验室公开地“玩”，并且有了许多仪器、设备等实验装置。经过无数次的实验和精确计算，帕斯卡终于揭开了谜底。

1648 年，帕斯卡总结出这条规律：“加在密闭液体上的压强，能够按照原来的大小由液体向各个方向传递。”物理学把它叫作“帕斯卡定律”。帕斯卡发现这条定律时，年仅 25 岁。

一个物理学定律就这样被发现了，它仅仅因为园丁浇水这样再普通不过的事情！你读了这个小故事有何感想呢？

润滑油

——水溅茶碟的启示

雷利，杰出的科学家，1842 年 11 月 12 日，诞生于英国莫尔登。1861 年考进剑桥大学。23 岁的雷利在剑桥毕业时，荣获英国皇家学会授予的“雄才奖”。他在光学、声学、电磁学、电力学、水力学、摄影学等许多领域里都取得了举世公认的成就。他与化学家威廉·拉姆赛一起在研究一些气体的密度中发现了惰性气体氩，于 1904 年获得了诺贝尔奖。

这是一则雷利发明润滑油的有趣故事。

一天，雷利家里来了客人。好客的老母亲拿出精致的茶具为客人沏茶。不知是因为高兴，还是因为年纪大了，老人在端茶的时候，双手有点微微地颤抖，于是，茶碗便在光滑的碟子里摇来晃去，一不小心，溅出一点茶水来。雷利在一旁把这点小事看得一清二楚，他观察得很仔细：母亲每次端茶，起初茶碗容易在碟子中间滑动，但当碟子里溅上茶水后，茶碗就不滑动了，尽管这时碟子照样在晃动。

这是什么原因呢？雷利知道这属于物理学中的摩擦力问题，并决心探明其中的奥秘。雷利用碟子和茶碗做实验，发现沾上水后确实不易滑动。他还改用更光滑的玻璃板和玻璃瓶做实验：不洒水的时候，放在玻璃板上的瓶子稍稍倾斜，便滑动了；但洒水之后，即使倾斜角度增大，瓶子仍不滑动。类似的实验做了不计其数，雷利仍没揭开奥秘所在。

对大量实验结果进行分析之后，雷利得出结论：由于茶碗和碟子都是化学意义上的干净，上面的油腻等物质使摩擦系数变小，自然容易滑动；而溅上热茶后，油腻减少，摩擦系数增大，茶碗便不易滑动。也就是说，油可以减小物体间的摩擦系数。

是的，雷利的想法完全正确！

雷利接着对油与固体物间的摩擦问题进行了深入研究，他得出同样的结论：如果在两固体物之间加入某种起润滑作用的油，可使摩擦力大大减小。他把这种油就称作润滑油。

其实，在我国民间，劳动人民早就用动物油来润滑马车、手推车的车轴了，只不过当作一种必然，而从未仔细考虑其缘由罢了。后人将润滑油广泛应用到生产和日常生活的各个方面。小小润滑油，在现代化生产中发挥了巨大的作用。

赫伦的自动剧场

赫伦一生有众多发明，自动剧场算是最有趣最复杂的发明了。

为了设计自动剧场，他专门发明了一些可以自动移动的装置，这些装置都有一个共同的特点：下面装有轮子，能四处移动。其实，它们都是靠重力来提供动力。在赫伦的更复杂的机械组合中，这种移动台仅是基本的要素。他设计了各种装置，能够循着环形、长方形和“8”字形轨道行进，甚至能够改变方向和反向移动。在移动时全靠移动台内部能够改变轮子位置或者降低几组附加轮位置的重物和滑轮来操纵。这些移动台可在无人帮助的情况下前后移动，而且还能够运载由下降的重物提供动力的机械木偶，其机理与整个装置的移动原理十分相似。赫伦所设计的最复杂的装置之一是一座带轮的微型剧场，可在演出之前在观众前面自动就位。几扇门开启闭合，小圣坛圣火燃起，机械人旋转并四处移动。表演结束时，整个装置自行离去。

他还设计过固定的自动剧场，在这种剧场内，木偶似乎无须动力或传动装置，就可做出复杂得多的动作。因为在自动剧场是使用沙子而非谷物被用来计时；因其流速较慢，故演出可持续较长的时间。在演出的每一个动作中都靠暗藏机械进行控制，整个装置由重物提供动力。尽管当时还没有集成电路，技术上也存在着种种限制，但赫伦还是为简单的自动装置编制了有效的程序，从而使他的观众和后代的科学家感到十分惊奇。

空气制动机

——退伍军人的发明

现在，世界上所有的列车都装有空气制动装置。这种装置可以把压缩空气直接压在闸瓦前的一个制动缸内进行制动，一旦需要制动时，司机一给气，压缩空气就推动闸瓦抱住车轮，使飞速行驶中的火车减速或者在短时间内完全停止。这种装置的使用，使乘坐列车更为安全。

这种空气制动装置的前身叫“直通空气制动机”。它的发明者——威斯汀豪斯原是一个美国士兵。1866 年春季，威斯汀豪斯退役了。他乘上回乡的列车，迫不及待地向家乡赶去，一路上憧憬着即将到来的和亲朋好友久别重逢的幸福时刻。

忽然，只听得“轰”的一声巨响，乘客们尖叫着前仰后跌，一片混乱——两部列车相撞了！

在这次事故中，由于火车司机及时发现险情，拼命拉动手闸，使火车减速，才没有造成重大伤亡，但乘客在混乱中受到了不小的惊吓。如果能给火车加强制动装置，提高它受控的灵敏性，那该有多好啊！威斯汀豪斯亲眼目睹此情此景后，情不自禁地这样想。

回到家乡后，威斯汀豪斯不能忘记那场火车相撞的事故，他开始认真琢磨设计有效的制动机械。开始的时候由于缺乏经验，他的设计方案一次又一次地失败了。一次，他从杂志上看到一篇报道，写的是瑞士在开凿阿尔卑斯铁路的隧道时采用了压缩空气法。威斯汀豪斯受到了启发，他便在自己的实验品上安装了压缩空气装置，作为制动动力。又经过 3 年的研究，他终于制成了制动机模型，并将它命名为“直通空气制动机”。

令威斯汀豪斯没想到的是“直通空气制动机”的推广会比它的发明还要难。他开始打算找那些大机械厂作为生产合作伙伴。可是,不管他怎么讲述这种空气制动机的重要性,那些老板也不肯同他合作,有的一旦得知威斯汀豪斯不是机械工程师就立刻赶他走,有的担心亏本太大,有的干脆就说威斯汀豪斯是个骗子。威斯汀豪斯一筹莫展。

正在这个时候,威斯汀豪斯的一位儿时的朋友得知了他的新发明,愿意帮他试试。那位朋友的厂子虽然很小,但也能生产一些机械。这意外的收获让威斯汀豪斯非常兴奋。

就这样,第一个空气制动机历尽艰难终于问世了。威斯汀豪斯又费了很大周折,才说服一家小型铁路公司试用。没想到一经试用,空气制动机就一鸣惊人。它的制动性能出人意料的卓越,能使火车乖乖控制在司机的手中,就像烈马控制在骑手的缰绳中一样。

1869 年,威斯汀豪斯获得了专利权,并创办了威斯汀豪斯的空气制动机公司,开始向社会提供全新概念的空气制动装置。1888 年,威斯汀豪斯又成功地对空气制动机作了较大的改进,改进后制动机性能更加完美。

从此,威斯汀豪斯的空气制动机进入了世界上所有的铁路公司,在铁路交通中扮演着越来越重要的角色。

以蒸汽作动力的旋床

——学徒工的发明

18 世纪中叶,人们还在使用脚踏式的旋床。这种旋床的下方装有两块踏板,踏板下连着转动的皮轮,需要加工的物件就卡在皮轮上。加工木棒时,工人必须用两只脚费劲地蹬踏板,在皮带轮的带动下,使被加工的木棒飞速旋转。与此同时,工人手中拿着一把锋利的削刀,刀锋在转动的木棒上方。随着木棒的转动,木棒上被削下来的木屑四处飞溅。使用这种旋床工作非常费劲,一不小心也许还有生命危险。直到英国发明家亨利·莫兹利发明了第一台机床,这种状况才得以改变。

亨利·莫兹利出生于伦敦的一个工人家庭,因为家庭困难,他12岁就不得不离开学校,到一家金属加工厂当旋床学徒工。

刚开始工作,师傅就向小莫兹利提出了严厉的警告:“要集中注意力!这可不是闹着玩的,一不小心脑袋就可能会被削掉!”听师傅这么一说,小莫兹利不敢掉以轻心,开始认真地跟着师傅学习,没过多久就可以独立操作机床了。他不仅进步很快,而且心灵手巧,常常会想出一些改进生产设备的小窍门。因为蹬踏旋床实在太费劲了,莫兹利便常常想:要是能有一种新式旋床,既不用脚蹬踏,也不用手操作削刀,那该多好!

他把这个想法告诉了师傅,却被当作“胡思乱想”一笑置之。而且,金属加工厂的老板唯利是图,他需要的只是工人们卖力地干活,而不是什么可能带来损失的新发明。不久,年轻的莫兹利离开了金属加工厂,来到英国兵工厂做工。在这里,莫兹利很快成为工人中间的能工巧匠,但厂方同样不允许莫兹利搞发明创造。

1797年,机遇终于敲响了莫兹利的大门,他的才干得到了当时英国著名机械师布拉默的赏识。当时布拉默发明了倒转防盗锁,自己开办了一家工厂。他以重金聘请莫兹利为自己工厂的机械师。

从未得到过别人重视的莫兹利决心不辜负布拉默先生的厚爱,上任后,他很快为布拉默的防盗锁制造厂干出了成绩。在工作中,莫兹利和布拉默也结下了深厚的友谊。

在布拉默的工厂里,莫兹利又一次看见了脚踏式旋床,心中感慨万分:自己曾经操作这种费劲的旋床达整整6年之久啊!可现在,它还是那副老样子,工人们依然靠自己的手脚费力地操作。现在,终于有条件将这种脚踏式旋床改进改进了。

征求了布拉默先生的同意后,莫兹利便开始琢磨起来。如果把人的双手、双脚解放出来,旋床转动的动力怎么办呢?莫兹利围着旋床苦苦思索了 10 天，也没有结果，他很灰心。

一天，莫兹利为蒸汽机排除了故障，正准备离开，忽然，一个念头在他脑海里一闪：对呀，我可以用蒸汽机作为旋床转动的动力，它会使旋床的速度大大提高。可是，这样又产生了另一个问题，飞速转动的旋床，一定要具有很好的稳定性，才能保证它安全地工作。那么，怎么能使旋床稳定住呢？莫兹利想到了铸铁，用铸铁制成的大操作台的稳定性一定不错。随后，他又想到要设计一个固定削刀的刀架，以代替人的双手。

经过多次努力的尝试，莫兹利终于制造出世界上第一台以蒸汽机作动力的新式旋床，它能够自动地加工固定的机件。

车床、钻床、刨床、磨床、铣床、镗床等等都纷纷问世了，它们被统称为“机床”。机床的诞生将工人们从繁重的体力劳动中解放出来，极大地提高了社会生产力。莫兹利的名字也和机床一起被人们牢牢记住。

瓦特的蒸汽机

——推动历史前进的动力

18 世纪中叶，英国使用的还是纽科曼式的蒸汽机模型。这种机器毛病很多：首先是忽冷忽热，无法控制温度，通常只能用在矿井代替人工抽水；而且它还会漏气，当你好不容易点起火来，把水烧开，积聚成蒸汽之后，打开开关，蒸汽机却一动不动，一团团蒸汽从机器里冒出来，弥漫了整个屋子。

这个时候，英国的工业有了比较大的发展。1733 年约翰发明了飞梭，纺织工人不必用左右手交替投掷梭子，织布的速度增加了 4 倍。1769 年以后，阿克莱特和卡特莱特又先后发明了水力纺纱机和水力织布机，他们仿照水力碾面粉的机械，把纺织效率一下子提高了 40 倍，把家庭作坊式的生产改变为大工厂生产，英国在全世界首先出现了纺织工厂。采矿、冶金、纺织各个工业系统，也都产生了推动工业机械前进的改革。一场深刻的工业革命即将在英国开始，工业革命正期待着一场能源的革命，期待着能够在任何地方都运转的动力机械。

这时候，一位在格拉哥斯大学实验室当修理工的詹姆斯·瓦特成了英国工业革命的关键人物。这位苏格兰造船工人的儿子并没有接受过系统的教育，在大学里只管修理和制造教学仪器，但他早已意识到动力机械的重要意义。在大学实验室里，他特别关心用蒸汽作动力的资料，为此，他还自学了德文和意大利文。到 1763 年，瓦特接受了一项修理任务，实验室要他想办法解决纽科曼式的蒸汽机的漏气问题。于是，这一修理任务成了瓦特不断发明创造的起点。

瓦特开始试验新的蒸汽机，由于这项试验无法列入实验室的计划，他只能用自己的积蓄进行研究，很快就债台高筑。尽管如此，他也丝毫没有改变自己的决心。6 年过去了，瓦特终于取得了初步成功。他在蒸汽机上增加了一个分离冷凝室，使蒸汽不再溢出机器，蒸汽机工作正常了，而且比以前更安全可靠，操作工人再也不用担心被高温蒸汽烫伤。

但是，这种单缸式机械运动时传出的能量不均衡，不能配备到比较精密的机器上。于是，他又花了 3 年多时间，发明了联动式多缸蒸汽机，从此，蒸汽机迈进了几乎是万能的动力机械的大门，可以广泛地使用在各行各业。

为了让它成为更完美的动力机械，瓦特进行了一项又一项的技术改进。随后，瓦特又发明了一套齿轮传动设备，把蒸汽机的往复运动状态改变成旋转运动状态；他还发明了一种离心调速器，使蒸汽机的速度自动得到控制；还有压力计、计算器、指示器、节流阀，蒸汽机日趋完美。

瓦特还跟工程师博尔顿合作，开办了蒸汽机制造工厂，生产出大批新颖的蒸汽机，将蒸汽机推广到整个英国，使整个工业化的程度推向了新的阶段。

不止如此，蒸汽机还被装上轮船、火车，影响到整个欧洲，进而改变了世界工业发展的进程。

奥托改进内燃机

奥托是德国人，由于父亲早逝，他16岁便中断了自己的学业，到一个小镇的杂货铺当学徒，后来又在法兰克福当职员，甚至干过旅行推销员。本来他从事商业工作，可是一次偶然的机遇却改变了他的一生，使他踏上了改良内燃机的道路。

19世纪50年代，第一批内燃机问世了。法国工程师鲁诺瓦尔改造了瓦特发明的新型蒸汽机，用煤气推动了他的二冲程内燃机，还把它装上马车，在巴黎街头展示。这在当时，确实是一个了不起的发明创造，因此轰动了整个欧洲。20岁的奥托到巴黎目睹了鲁诺瓦尔的机械马车，但他看得更多的是鲁诺瓦尔内燃机的缺陷：气体燃料发动机热效率太低，消耗的燃料比蒸汽机大得多，没什么实用价值，他下决心要研究出一种新型的、高效率的发动机来。

这对奥托来说真不是一件容易的事。他原来的职业跟机械制造一点关系都没有，他本人也是个纯粹的外行。但是，奥托的个性决定了他会知难而进，直到实现自己的理想。他认真学习机械制造的知识，熟悉所有动力机械的原理，特别对鲁诺瓦尔的机器作了全面彻底的分析。他很快了解了内燃机工作的原理：引燃气体推动活塞，活塞运动转变为车轮的旋转。这其中关键在于要采用怎样的燃气，可燃气体跟空气的正确比例应该是怎样的，以及怎样使进气、压缩、点火、排气四个步骤一气呵成，以减少燃料的消耗。

经过反复的设计与实验，奥托终于找到了提高效率的混合气体的配方，使点火之后的爆炸力更大。他还采取了四只汽缸联合动作的四冲程方式，每一次运动，四个汽缸分别担任进气、压缩、点火、排气工作，构成了统一的整体，使整个内燃机的活动变成了连续不断的过程。

可是，理论运用于实践的过程并不是一帆风顺的。奥托遇上了意想不到的困难。混合气体爆炸力的确很大，使旋转速度加大，曲轴能够不停转动，但是轴承和接头承受不了这么大的冲击力，机器无法长时间正常工作。整整一年，奥托尝试了不同的方法试图解决这个问题，却一无所获。正在这时，奥托参观了伦敦产业博览会。会上，瓦特的经验给了他意想不到的启发：利用大气压原理，在汽缸内压力降低、形成负压的时候，让大气压作用于活塞，把活塞推下，再进入第二个压缩过程。这样一来，混合气体就不必那么浓，反而能节省燃气了。

根据新的设想，奥托的发动机很快研制成功了。可是，普鲁士专利局居然认为他的发动机不可靠，拒绝了他的专利申请。这时，奥托为了试验发动机，已经花光了自己家庭的最后一笔积蓄。他急需制造出自己的内燃发动机。但是，没有专利，谁愿意跟他合作呢？

幸亏有位朋友的资助，奥托的事业才得以继续进行。他在 4 个汽缸上装一根方形的活塞连杆，上面铸成不同的曲轴，连杆的一端与转动主轴相交，用齿轮传导动力。他改进了电磁点火装置，加长了进气道，改造了汽缸盖，使内燃机变得更加完善。奥托的第一号机达到了每分钟 100 转，比鲁诺瓦尔的效率大大提高了。同时，由于采用了低浓度混合气，燃料节约了 2/3，内燃机真正具有了实用价值。

尽管奥托依然没有得到专利，但他制造的四冲程内燃机却一直供不应求，完全淘汰了鲁诺瓦尔落后的二冲程发动机，成为主要的发动机。此后，两个轮子的摩托车原型、三个轮子的汽车原型相继诞生，取代了古老的马车，逐渐成为主要的陆上交通工具。大功率的内燃机也随之产生，装到轮船上，使轮船的速度大大提高。人类的交通工具终于得到了彻底的改革。

拖拉机

——田野里的甲虫

1832 年，一位英国工程师设计了一种在田野上使用的车子。他在车轮的外边套上了一条又扁又宽的履带，履带是用木头和能扭动的橡胶制成的。虽然这台机器没能如人所愿地开到田里，但它的设计构思依然给发明家们留下了极大启示。

1881～1888 年，发明家们经过多次实验，终于造出了能在松软的田野里行走自如的车子。这种车依然采用履带式，而且牵引力很大，能够拖带犁铧等多种农机具在田里耕地、播种。这就是最早的履带拖拉机。1907 年，这种履带式拖拉机正式投入生产。

20 世纪 30 年代，随着充气轮胎的出现，拖拉机设计者也给拖拉机装上了充气轮胎。但遗憾的是充气轮胎在松软的土地上行走也不比铁轮子效果更好。谁知，一次偶然事故就帮设计者解决了问题。机手发现泄了气的拖拉机在田里反而走得很轻巧。于是，忽然想到泄气的轮胎同土壤接触面大，车迹变浅了，车当然就如此轻快了。从此，人们便有意将拖拉机轮胎中的气减压。这种拖拉机被称为减压拖拉机。

拖拉机的诞生，大大加快了农业机械化的步伐。

锯的来历

——小草的启示

一次，鲁班和他的徒弟们接受了一项建造皇家宫殿的任务。工程浩大而且工期特别紧迫，急需采伐大量木材。那个时候，斧头还是人们砍伐木料的唯一工具。鲁班率领徒弟们用手中的斧头去砍那些又高又粗的参天大树，十分费力，几天下来就都累倒了。鲁班一直想不出解决的方法。

有一天，鲁班到一座险峻的高山上去找可以用作栋梁的木料。在爬一个小陡坡的时候，他脚下蹬着的一块石头突然松动了。鲁班急忙伸手抓住了路旁的一丛茅草，没想到手一下子被茅草划破了，渗出许多血来。这么不起眼的茅草怎么会这么锋利呢？鲁班忘记了伤口的疼痛，扯起一把茅草，细细端详起来，他发现小草叶子边缘长着许许多多锋利的小齿。鲁班用这些密密的小齿在手背上轻轻一划，居然又割开了一道口子。这时，鲁班又看见草丛中有几只大蝗虫，它们的大板牙一张一合，飞快地吞嚼着草叶。鲁班忙把蝗虫捉住，认真一看，原来蝗虫的牙齿上也长着密密麻麻的小锯齿。

这时，他心头一亮：要是我也用带有许多小齿的工具来锯树木，不就可以很快地把木头锯开了吗？那肯定比用斧头砍要省力多了。

回到家，鲁班立刻请铁匠师傅打制了几十根边缘上带有锋利的小锯齿的铁片，他和徒弟各拉一端，在一棵树上来来回回地锯了起来。果然好使，很快就把树木锯断了，比用斧头砍省劲儿多了。鲁班又给锯安上了一个"工"字形的把手，这样用起来就更方便了。他还给这种新发明的工具起了个名字，这就是"锯子"。

后来，鲁班还发明了更多的劳动工具，比如刨子、墨斗、曲尺等等，至今，人们还管曲尺叫"鲁班尺"。

鲁班能做出这么多伟大的发明，不只因为他聪明好学，还因为他出生于一个工匠世家，从小就跟着家人学会了多种手艺，在木工方面更为出色。除了鲁班，他家里还出了好几位善于发明创造的能工巧匠。

最初，鲁班在家做木工活的时候，他母亲也从中帮忙。比如，在给木头弹上墨线时，就要他母亲拉住墨线头，这墨线才能弹得成。后来，鲁班的母亲在墨斗的线上系上一个小铁弯钩，这样就可以一个人弹线了。为了纪念他母亲的功绩，人们便把这个墨斗弯钩叫作"班母"。

鲁班的妻子也是位了不起的发明家。本来刨木料时需要一个人在一边扶着，另一个人刨。而且扶木料的活儿又费力又危险，稍不留神，就要碰伤手。鲁班的妻子就制造了一个顶住木料的卡口来代替人扶的办法。后人把这卡口称为“班妻”。

由于鲁班一年到头都在外面干活，饱受风吹雨淋和烈日曝晒，鲁班的妻子还制作了一种可折叠的避雨工具。这种工具晴天可以遮阳，雨天又能挡雨，而且携带方便。这就是后来人们沿用了数千载的伞。

鲁班原名公输般，因为他是鲁国人，而古代“般”字和“班”字通用，所以后人称他为鲁班。直到今天，中国建筑工程上还有一个权威的奖项——“鲁班奖”。

高压锅

——野炊促成的发明

用普通锅炖排骨，需要两个小时，可用压力锅，15 分钟就足够了。两者相比，压力锅既省燃料又省时间，自它问世以来，就受到了人们的普遍欢迎。直到今天它还是厨房里不可缺少的厨具之一。

压力锅究竟是怎样发明的呢？这还得从 300 多年前法国医生巴本和家人的一次野炊说起。

巴本医生有一个幸福美满的小家庭。夏天来了，为了享受初夏的美妙时光，巴本医生一家决定外出游玩，搞一次家庭夏令营活动。到附近的一座山顶上进行野炊，享受自己动手煮菜的乐趣该是多么美妙的一件事啊！

于是，巴本一家人载着野炊的用具和丰盛的菜肴，兴致勃勃地出发了。他们在山上欣赏优美的风景，尽情地玩到中午。巴本太太开始做午餐了。她生起火来，往锅里添上水，然后加进了土豆。过了一会儿，锅里的水沸腾了。几分钟后，巴本太太捞起土豆对小巴本说：“来，你先尝尝。”

小巴本津津有味地嚼了起来,可没嚼几口就皱起了眉头,嘟哝着说:“不好吃。”怎么会呢?巴本太太也夹起了一块土豆尝起来。刚尝两口,她就叫道:“怪不得孩子说不好吃,这土豆还没煮熟呢!可刚才明明水已经烧开了嘛!”说完,她只好又把土豆放回锅里,重新煮了起来。过了好久,巴本太太打开锅盖,只见水正沸腾得欢。巴本太太又尝了一块,居然还是生的。又煮了好一会儿,巴本太太再尝了一块土豆,惊讶地大叫起来:“怎么回事?这土豆还是生的!”就这样,巴本一家人的午餐被破坏了,他们只好啃一些面包填饱肚子。

巴本先生觉得事有蹊跷,在回家的路上,他一直在想着这个奇怪的现象:为什么在山顶上煮食物,水开了而食物还是生的呢?他决心揭开这个谜。

他们一回到家,巴本就迫不及待地扎进实验室,经过大量实验之后,他发现:水并不都是在100℃时沸腾,当气压降低时,水的沸点也会随着降低。这也就是说,高山顶上气压低,水的沸点也低,因此水很容易沸腾,土豆也就煮不熟了。

巴本先生这才恍然大悟。那么,是不是以后就永远不能去山顶上野炊了?于是,巴本开始寻找一种能在山顶上把土豆煮熟的方法。最后,他决定用人工的办法——加大气压,使水的沸点升高,这样或许能够把食物煮熟。

很快,一个密闭的锅在巴本手中诞生了。在不断加压的情况下,锅里气体的压强越来越大,水可以超过100℃才沸腾。在高温高压之下,土豆一下子就煮熟了。

这就是世界上第一台压力锅,当时人们又叫它“巴本锅”。

圆珠笔

——书写史上的变革

自从古代埃及人发明了鹅毛笔，它就成为欧洲人自己独特的书写工具，沿用了好几个世纪。使用鹅毛笔需要蘸墨水，但可以较长时间连续书写，而且用力大些就可以把字的笔画写得粗些，轻轻用力就可以写得细些，曾经很受人们的欢迎。它唯一的缺点是用久了的笔尖会被磨秃，加工修整起来相当不方便。

1829 年，英国人詹姆士·倍利制出了钢笔尖。这种笔尖经过特殊加工，圆滑而有弹性，书写起来相当流畅，深受人们欢迎，不过书写时还是必须要蘸墨水，不够方便。

不久，英国人布拉马用银制成笔杆，然后在笔杆里装进墨水，墨水从笔尖流出。可是，这样墨水缺乏控制，总是不听使唤，常常将纸面弄得一塌糊涂。后来，布拉马又在笔杆里加上一个装墨水的囊，又有人在笔尖上装一根细细的金属针，以控制墨水的通道。即便这样，漏水问题仍然得不到彻底解决。这种被称作"自来水笔"的书写工具仍然不断地给人们带来麻烦。

这个问题最终在美国一家保险公司的业务员沃特曼的手中得到了解决。而在这之前，沃特曼因为这种老是漏墨水的自来水笔吃足了苦头。据说有一回，沃特曼好不容易才谈妥了一笔大生意。签订合同时，沃特曼递给客户的自来水笔滴下一大摊墨水，将好好的一份合同给弄脏了。正当沃特曼急急忙忙地转身去再取一份新的合同时，身边的竞争对手却乘虚而入，同顾客签下合同，夺走了这笔数额相当可观的生意。这件事给沃特曼很大的刺激，懊丧之余，他当场立志要设计一支真正意义上的自来水笔，这支笔必须能够自己控制出水。经历了 4 年的艰辛努力，沃特曼终于成功了。第一支比较实用的自来水笔在 1884 年诞生了，也就是今天人们生活中不可缺少的钢笔。

1888年，就在沃特曼自来水笔发明4年之后，美国的劳比又提出一种全新概念的笔。劳比设想在笔尖上装上一个圆球，书写时，随着圆球的滚动，就可以把墨水留在纸上。遗憾的是，劳比制造出的笔常常因为圆珠滚动不灵而写不出字来；而且，通过圆珠流出的墨水无法控制，会大量漏水而弄脏纸面。

这项发明因此被搁置了半个多世纪。直到1943年，匈牙利一个印刷厂名叫拉兹罗·约瑟比克的校对员，在一根圆管中装上油质颜料，把笔尖改成钢珠，使这种笔书写流畅，这就是今天人们所说的圆珠笔。

约瑟比克将这项发明提供给英国皇家空军。不久，英国的一家飞机制造厂就推出了首批商业化的圆珠笔。这种圆珠笔得到了美国商人雷诺的重视，他一边对圆珠笔的外形进行加工改进，一边展开了声势浩大的宣传工作。雷诺的宣传广告几乎遍及全球各大洲。

那时正值第二次世界大战尾声，恰好就在这时，原子弹在美国制造成功。为了招揽顾客，雷诺别出心裁地将他生产的圆珠笔称作“原子笔”。在广告中，雷诺声称，他的原子笔可以在水下写字，可以在寒冷的北极使用，也可长期书写，而且方便携带。在他“三寸不烂之舌”的鼓吹下，原子笔获得了惊人的销量。从此，圆珠笔走进千家万户，成了全世界必不可少的书写工具之一。

摩托车

——不用踩的自行车

今天，摩托车遍布世界各地，成为现代生活的主要交通工具之一。你可知道，它的发明者原来只是一个没多少文化的机床工人吗？

1834年，戴姆拉出生在德国威登堡。他从小就对机器、机械十分感兴趣。但由于家境贫寒，戴姆拉没有机会学习，而是10岁就离开了学校，到一家机床厂去干活儿。在工厂里他只是干些粗脏的活，但有更多的机会接触机器了。

23岁那年，戴姆拉终于如愿以偿地考入了斯图加特工业学校，开始如饥似渴地学习课内外的文化知识。毕业后，戴姆拉在一家机械制造公司找到了一份工作。但在戴姆拉看来：人生最大的快乐在于发明创造。工厂里那简单重复的劳动是无法让他满足的。戴姆拉无论在工作上，还是在生活中，都是个有心人。他立志要在机械发展史上写下精彩的一笔。

很快，戴姆拉注意到当时普遍采用的以煤炭为燃料的瓦特式蒸汽机。这种汽车行驶时不仅烟雾弥漫，而且速度缓慢。戴姆拉希望能改变一下汽车的动力装置。

一天，他听说一位名叫奥托的人早已开始这方面的研究，并研制出了压缩式内燃机。戴姆拉马上找到奥托，将自己的情况以及设想一股脑儿地详细告诉了奥托。两个年轻人，抱负相同，谈得十分投入，不禁产生了相见恨晚之意。奥托邀请戴姆拉担任德意志煤气内燃机制造厂的技术指导，戴姆拉欣然接受了邀请。两个年轻人的合作从此开始。

1876年，四冲程内燃机在奥托手中诞生了。但是这种内燃机的效率很低，无法在实际中应用。1882年，戴姆拉离开了德意志煤气内燃机制造厂，自己组织了一个专门研究内燃机的机构，以便集中精力研制内燃机。一年以后，戴姆拉发明了一种热管点火式汽油内燃机，并取得了专利。又过了两年，戴姆拉制成了直立式汽油内燃机。这种内燃机体积小，重量轻，每分钟大约600转，输出功率0.5马力。

戴姆拉的儿子鲍尔·戴姆拉是一位自行车骑手。他建议父亲把直立式汽油内燃机装在自行车上，并装上两挡变速器。鲍尔·戴姆拉叫它“机器脚踏车”。他试着骑了3千米，证实了它的性能还不错。就这样，世界上第一辆摩托车诞生了。从此以后，戴姆拉被人们称为“摩托车之父”。

不久,德国的两位工程师,沃尔夫米勒和汉斯盖霍夫已经看出了这种摩托车的弊端。他们将单缸内燃机改装成双缸内燃机,并终于在1894年1月研制成功。这样,摩托车的行驶速度更快,性能更完善。他们很快申请了专利,并把“机器脚踏车”正式称为“摩托车”。改良后的摩托车马上投入生产,就在这一年,德国慕尼黑生产了1000辆“沃尔夫米勒”牌摩托车。

载着时代奔跑的汽车

1649年,德国有一位技艺精湛的钟表匠,试制成功了世界上第一辆不用牛马牵引的车。只要给它上足发条,它就可以自动向前走。这个发明是根据达·芬奇留下的图纸做出的。达·芬奇曾设想过一种自动行驶的车,像钟一样,给车安上一个发条。这样只要上紧发条,车就会自动跑了。达·芬奇将设想中的这种自动车的结构画了下来。可惜这位意大利文艺复兴时期的伟大画家没能够亲眼目睹这种车的诞生就去世了。

但是这辆自动车并不像达·芬奇想象的那样实用,它走得很慢,而且使用也麻烦,没有什么实用价值。后来,法国军官库诺又利用蒸汽机制造了另一种自动车。

库诺在一家兵工厂工作。这个工厂专门生产一种笨重的火炮。这种火炮十分笨重,一门火炮要用几匹壮马才能拖走。库诺就想到利用蒸汽机作动力制成自动汽车,代替马拉火炮。不久,库诺就试制了一辆用蒸汽机作动力的车。这辆车有3个车轮;车身为长条形,上面有个大锅炉,锅炉的后面装有两个汽缸。它由蒸汽推动里面的活塞上下运动,然后通过曲轴传给前轮,使车轮转动。车发动后,浓烟和蒸汽一起往上冒——这正是它后来被叫作“汽车”的原因。它“走”得特别慢,发出“哐啷、哐啷”的声音,而且每隔15分钟就要停下来加一次水。库诺对这辆车做了一些改进后,就兴致勃勃地把它开到街上去了。这辆车体积庞大,身上驮个大锅炉,占据了很宽的路面,引得路人纷纷驻足旁观。没想到忽然迎面冲过来一辆马车。库诺赶紧让道，不料，车把转向不灵活，一头撞到了墙上。

看来，用蒸汽机作动力制成的车是不够现实的。那么到底该用什么东西作汽车的动力呢？自动车的研制陷入了困境。

1878 年，德国工程师奥托研制成功了用煤气作燃料的引擎（即内燃机）。这种引擎不用蒸汽锅炉，不用点火，体重小，操作方便；而且由于煤气的爆发力比蒸汽大，因此动力更大。不过它也有不小的缺陷：每个引擎都必须携带一个大的煤气口袋。因此也不适合用在汽车的制造上。

随着石油的开采和更容易燃烧的轻质石油（汽油）的成功提炼，人们用汽油代替了煤气，作引擎的燃料。这种汽油引擎体积更小，动力更大。德国工程师奔驰对汽油引擎作了进一步的改进。终于在 1886 年制成小型高效的引擎。同年，奔驰将他的引擎安装在一个有 3 个轮子的车架上，于是世界上第一辆汽车问世了！这辆汽车重 254 千克，每小时可跑 16 千米。今天，它还珍藏在德国慕尼黑科学技术博物馆里。

在奔驰汽车的基础上，美国机械工程师福特又作了改进，制造出了一辆更好的汽车：在 4 轮马车上安着一把椅子，椅子下面放着奔驰发明的汽油引擎，并安装有操纵杆。5 年后，福特试制成了第二部汽车，它比第一部更趋完善。1911 年，福特成立了“福特汽车公司”，开始大量生产汽车。

从此，汽车渐渐遍布全世界，成为人们不可缺少的交通工具之一。

偶然发明的气垫船

科克雷尔是一个善于思考、勤于钻研的人，他经常为怎样提高船的航行性能而苦思冥想。

1950 年，科克雷尔在英国诺福克河口的造船行业里担任工程师。他发现他造的船在性能方面受两大因素的制约：一个是船壳阻力；一个是波浪阻力。如何才能破除这两个因素呢？他认为：如果把船壳做成一种空气船壳,使船体和水面之间有一层薄薄的空气,这样,船壳的摩擦就可以忽略不计了。假如按照这个想法制造一艘船只,不仅可以节省动力能源,同时也能大大提高船只前进的速度。但是,怎样才能解决这一难题呢?为此,他进行了许多次的空气动力学方面的实验。

一次,他用两个尺寸不同的铁筒对着厨房用的天平上鼓风,发现相同的风量通过两个不同大小的铁筒时所产生的冲力也不同。当风量通过大口的铁筒,吹在天平上的冲力反而小,而通过小口的铁筒时,吹在天平上的冲力反而比大铁筒大两倍。这种现象给了他很大的启示,他意识到可以采用这种以前他不知道的现象制造一种新型的船,这一想法使他激动了很久——他的一次实验使他偶然发现了能解决造船难题的新概念。

1955 年,他根据自己的新发现制造了一个气垫船模型。这种气垫船不仅能在水上行驶,甚至可以在地毯上飞驰。但要使气垫船具有实际的使用价值,在当时来说似乎是一个难题——这不仅存在资金问题,更存在科技难题。这就要求船体既要同水面避免硬接触,同时又要保持与水面的有效接触。所以,对科克雷尔来说,控制船底喷气装置成了这项发明的关键所在。由于这项英国"气垫密封装置"专利当时无法实施,于是便被上了保密单,一直无人知晓。直至后来,有一个很有远见的文职官员经过研究论证,由他签字拨款正式研制气垫船。

今天,我们从这项发明的发展态势来看,科克雷尔的发明并不仅仅是产生了一艘气垫船,同时还产生了一系列新型的运输工具,如近海和岛屿之间的快速摆渡和巡航用的摩托快艇;利用气垫船的原理研制出了每小时能运行几百里的火车,还有磁浮列车,等等。

热气球

——飘飞的梦想

1783年6月4日,蒙哥费尔兄弟在法国一个小镇的广场上进行热气球升空表演,吸引了镇上成百上千的居民前来观看。

他们用直径10.6米的口袋,罩在出烟口上,黑烟慢慢进入口袋。口袋逐渐膨胀起来,需要8个大汉才能拉住灌满浓烟的热气球。随着一声哨响,壮汉们松开手,气球直冲向天空,一直飞行了10多分钟。

蒙哥费尔兄弟的设想成功了! 浓烟果然能把气球带上天。随着热气球升空技术的逐步成熟,蒙哥费尔兄弟产生了一个大胆的想法:要让热气球载着人飞上蓝天。

他们决定先用禽畜做试验。经过3个月的精心准备,1783年9月19日,蒙哥费尔兄弟俩带着热气球,来到凡尔赛宫前面的广场,准备做热气球载"客"升空表演。这个热气球直径12米,高17米。球的表面蒙着一层麻布,并糊上一层纸,上面画着漂亮的图案,看起来像是一只大鸭梨。气球的下部还挂着一个吊篮,吊篮里装着一只山羊、一只鸡和一只鸭。他们点燃了火,一股股浓烟和热气进入了大气球,气球膨胀起来了。他们果断地剪断了扯住气球的绳子。霎时,热气球腾空而起,在空中飞行了8分钟,飞行距离达2500米。除了鸡受了一点轻伤外,山羊、鸭子安然无恙,试验取得完全成功!

表演引来了13万好奇的观众,甚至包括当时的法国国王路易十六和一批贵族。路易十六国王向蒙哥费尔兄弟表示祝贺,并授予他们圣米歇尔勋章。

这次试验的成功,给了蒙哥费尔兄弟足够的信心来进行载人飞行试验。他们立即动手制造了一只直径15米、高22米的大气球。他们还在吊篮里安放了一个火炉,以便随时产生足够的热气,延长飞行的时间。

准备工作完成后，只差愿意驾驭这个人类有史以来第一个载人的热气球的勇者了！

蒙哥费尔兄弟本来想亲自驾驶自己制造的热气球，但被路易十六国王坚决反对。国王担心兄弟俩的安危，建议从监狱里选两个死囚来当乘客。他还向死囚宣布：如果安全降落下来，将被释放。不过这个提议遭到了蒙哥费尔兄弟的反对：载人气球如果试验成功，将在科学技术发明史上留下光辉的一页。这荣誉怎么能给死囚呢？最后，两位青年科学家接受了这个神圣的任务，于 1783 年 11 月 21 日乘坐着这只热气球，飞越巴黎上空，在天空中飘行了 25 分钟左右，然后安全地降落在 9 千米外的地方。

升空试验获得了巨大的成功！为了表彰蒙哥费尔兄弟对航空科学作出的突出贡献，法兰西科学院授予他们“通信院士”称号。

从此，1783 年 11 月 21 日作为一个在热气球发展史上具有里程碑意义的日子为科学发展史涂上了浓墨重彩的一笔。在这一天，人类的第一种空中交通工具诞生了。

直升机

——平地升起的旋风

如今，直升机在各式各样的飞机中仍占有不可替代的地位。它适应性强，不需要专设的机场，随处都可起落；灵活性大，可以随时改变飞行方向。因为这些优势，它常常被用于地质勘探、防火护林、野外救援、海上巡逻以及高空摄影等各项作业中。

直升机的雏形是俄国著名科学家罗蒙诺索夫在 1754 年试制的一个用钟表机械发动的装置，但这架“直升机”只有观赏性质。直到 20 世纪初，法国工程师保罗·科努才使真正的直升机飞上了天。科努一直关注着飞行器研制工作的进展情况。看到莱特兄弟研制固翼式滑翔机的有关报道后，他立即想到另辟蹊径，研制一种“动翼式”飞机。

很快，他画出了设计图，开始了制造工作。

按图制造看起来简单，实际操作却琐碎而复杂，工作量极大，每一部分的安装都需认真谨慎。仅两副牢固的旋翼，科努一个部件一个部件地加工、制作、安装，足足弄了两遍，才达到满意的效果。

付出和收获总是成正比的，1907 年 8 月，科努终于制作完成了一架直升机。这架直升机的主构架是一根装配有一只功率只有 1500 瓦的老式活塞发动机的大口径钢管。支架的前后分别有两副直径为 6 米的旋翼，每副旋翼有两片桨叶。飞行员的座椅和发动机安装在构架的中心。发动机的冷却水装在发动机前面的水箱里，汽油装在飞行员身后的油箱里。在发动机上方有一个滑油箱，飞行员座椅下方装有蓄电池和点火线圈。

1907 年 11 月 13 日，科努准备试飞。他微笑着坐上飞机，与观众挥挥手，启动了发动机。这次试飞，虽然飞机离开地面仅 0.3 米，飞行时间仅 20 秒，但却是人类第一次驾驶直升机升空。

与此同时，法国科学家布雷盖和瑞切也研制出了一架直升机，并于 1907 年 9 月 29 日在法国杜埃市进行了升空表演。这架直升机，包括驾驶员体重在内，总重量为 577 千克。本来它可以依靠本身的动力飞离地面，但为了保证升空时的稳定性，布雷盖和瑞切在起飞时，安排了地面人员在直升机的四副巨大旋翼下方用一根长竿支撑着飞机，以防它翻倒。正是因为这个原因，人们没有承认这次试飞，而是认为科努发明的直升机是世界上第一架真正的直升机。也正因为如此，科努作为“直升机之父”被载入了历史。

布什内尔发明潜水艇

1775 年，北美独立战争爆发后，美国人民在华盛顿总司令的领导下，纷纷拿起武器，和英军进行殊死搏斗，将英军从大陆驱逐到海上。占有海上优势的英军便纠集大批战舰，轮番轰击美国海防陆军，使美国军伤亡惨重，锐气大减。

面对如此情景，美军气得咬牙切齿，恨不得将英军打个落花流水。在美军当中有个叫达韦·布什内尔的士兵，他认为应该赶快想出对付敌舰的办法。

怎样才能一下子跑到敌舰周围去将英军打败呢？布什内尔一直在冥思苦想。一天傍晚，布什内尔与几个士兵一起到海边散步，海水很清澈，水中生物历历在目。一群小鱼自由自在地在水中游着，像是在觅食，又像是在玩耍。突然，一条大鱼悄悄潜游过来，游到小鱼的下方后，猛地朝上一跃，咬住了一条小鱼，别的小鱼吓得各奔东西。士兵们见了海底世界的这场"海战"，觉得十分有趣。然而布什内尔却大受启发：原来笨拙的大鱼就是这样逮住机灵飞快的小鱼的。那么能不能造个像大鱼那样的船呢？这样潜在水中就会神不知鬼不觉地钻到英国战舰底下去放水雷。他越想越入迷。"喂！你这是怎么啦？"同伴们喊他走时，他还呆呆地坐着。"我有办法了，能炸沉它！"布什内尔的话使同伴们听得莫名其妙。于是他对同伴们详细地说了自己的想法，同伴们听后都认为这个办法好，然而也有人提出疑问：鱼在水中能自由地上浮下沉，可船就不同了，让它浮在水上好办，可它能沉到水中吗？

是啊，怎样才能使船既能浮上来又能沉下去呢？布什内尔被问得哑口无言。鱼为什么能这样呢？"对！鱼能一会儿浮到水面，一会儿潜到水里，靠的就是肚子里的那个鳔，如果我们也给船仿造一个鳔，问题不就解决了吗？"这一想法使他异常激动。

根据这一想法，布什内尔带领同伴们真的制成了一艘可在水下潜行的秘密船。这艘船他们本来是想制造成鱼的外形，但造成之后却像只乌龟，因此，同伴们就为它取了个代号"海龟"。

代号为"海龟"的秘密船的底部有个类似鱼鳔的水舱，水舱内安有两个水泵，当船要下沉时，就用水泵往船舱里灌水；若要上浮时，就把舱里的水排出，把空气压进水舱。布什内尔还仿照鱼的鳍在“海龟”外部安装了两台螺旋桨：一台管进退，一台管升降。此外，“海龟”尾部还有舵，可以控制航向。

一天夜晚，布什内尔带着几个士兵，驾着“海龟”悄悄驶近英国战舰，然后潜入水中，一直潜到英国战舰底下。他们想通过“海龟”顶部的钻杆将敌舰钻穿，然后放水雷，没想到英舰底部包了厚厚的一层金属，他们钻了一个多小时也没钻透。

这时夜已深，天黑海黑，水天一色，根本辨不清方向，他们决定先上来换换气。不料，“海龟”刚浮出水面就被英军发现了，他们便开动战舰追将过来。“海龟”吓得直后退，但速度怎么也快不起来，眼看就要被敌舰撞得粉身碎骨。在这万分危机的时刻，布什内尔急中生智，解下备用的水雷，点着引线后，慌忙钻进“海龟”潜入了水中。正当英舰在寻找怪物的去向时，突然一声巨响，战舰顿时起火，英军一边救火一边扭转舰头逃跑，唯恐怪物再悄悄追来。从此，英舰再也不敢肆无忌惮地在美国沿海耀武扬威了。

后来，在“海龟”的基础上，人们又进行了不断的改进，制成了新的神秘武器——潜水艇。在海战中潜水艇大显神威。二战期间，仅德国的潜水艇就击沉了英美大西洋舰队的数百艘运输船，使对方的运输线遭到巨大的破坏。现在，潜水艇除用于作战外，主要用于开发海洋资源和科学考察。

轮　船

辽阔的大洋占据了地球上约70%的面积，把陆地分隔成各个大洲。在过去，人们出海使用的是竖立着高高桅杆的帆船，而帆船的行驶速度是很慢的。因此，在进行远航时，航海家们在海上一漂就是好几个月。随着工业革命的展开，蒸汽轮船出现了，人类的航海史也随之进入了一个全新的阶段。

富尔顿(1765～1815),美国著名工程师。1807 年,他利用英国机器制成了世界上第一艘蒸汽机轮船,命名为“克莱蒙脱号”,成为了世界上轮船的首创者,为人类航海事业的发展作出了卓越的贡献。

富尔顿仅在学校里读了几年书,便因为家境贫困而被迫辍学。14 岁那年,他进了一家珠宝店当学徒。富尔顿在忙完店里的活儿后,常跑到珠宝店附近的枪炮修造厂去观看工人修造枪炮机械。他不时地帮助工人拿工具,做点力所能及的小事。等工人忙完了,小富尔顿向工人们请教有关枪炮机械方面的知识,就这样,聪明好学的他在那里学了不少各种枪械的校验方法和制造气枪的技术。不久之后,富尔顿在修造厂一位工人的指导和帮助下,自己独立制造了一支新颖美观的气枪,小小年纪就能有这样的创造力,小富尔顿受到了枪炮修造厂工人的赞扬。此后,小富尔顿对机械制造更加感兴趣。渐渐地,他掌握了机械制造方面的一些基本技能。

富尔顿生活的时代,正是欧洲资本主义工业革命风起云涌之时,生产中广泛地使用了瓦特发明的蒸汽机,因此,大机器生产以惊人的规模与速度向前发展,这就需要大量向海外输出产品并同时引进海外的原材料。也正因为此,以前较为陈旧的人力及风力帆船已不能适应新时代的发展需要,时代呼唤运输量大和效率高的船运交通工具的出现。富尔顿在伯明翰参与修筑运河时,就萌发了制造蒸汽轮船的想法。这一想法得到了当时的法国皇帝拿破仑的支持。

其实,在蒸汽机发明以后,欧美各国很多人都开始探索制造蒸汽动力轮船,企图把蒸汽动力用于水路航运上,可惜最后都失败了。富尔顿进一步总结前人制造蒸汽船失败的原因,对船体长、宽、高的比例,桨轮的大小形状,轮船吃水量与动力关系的比例,蒸汽机的振动与水的阻力的关系等一系列技术问题进行了周密详细的研究。就这样,从模型试验到最后设计制造,兢兢业业的富尔顿先后花了 9 年时间,克服了各种困难,经过反复仔细的计算和测量,终于造出了一艘长 70 英尺、宽 11 英尺,吃水深度为3英尺的轮船，船上装有一台8马力的蒸汽机和一台铜制的蒸汽锅炉。可是让人意想不到的是，轮船在塞纳河第一次试航时，就被一场狂风暴雨卷入河底。

在大家的帮助下，富尔顿把沉入河底的蒸汽机和锅炉打捞上来，看着自己多年的辛勤劳动成果付之东流，富尔顿受到沉重打击，简直伤心极了，但是，屡遭失败的富尔顿并没有就此倒下，他不断从失败中吸取教训，始终坚持进行自己的研究发明。

1806年，富尔顿带着自己多年的研究成果回到了美国纽约。他在纽约东河附近创办了一个造船厂，招了一些工人，继续自己的造船工作。不少资本家对此给以大力支持，使得他的工作能顺利进行。一年多以后，富尔顿的船厂终于制造出了一艘名为"克莱蒙脱号"的新蒸汽轮船。这艘船长150英尺，宽13英尺，样子看上去就像一条细长的木板，船上安装一台当时最先进的蒸汽机，船的两侧舷外装有两个像大水车一样的叶桨——这种叶桨被称为"明轮"——叶桨依靠蒸汽动力转动推动船前行。"轮船"由此诞生了，富尔顿把自己的名字写进了历史。

抽水马桶

——小发明大方便

现在，抽水马桶已成为每家每户的卫生间里必不可少的洁具，它为我们的生活带来了极大的便利。可是，你知道吗，就是这个不起眼的抽水马桶，它的发明可是费了不少周折，而且还经历了一个非常漫长的过程。

英国著名的《焦点》杂志曾经评选世界上最伟大的发明，经过本国千名读者和百名最权威的专家学者投票，评出的结果使人们大跌眼镜，令人意想不到的是，位居榜首的居然是抽水马桶。不过仔细想想，抽水马桶确实是人们日常生活中必不可少的一项设备，如果没有它的话，现代人的生活将会无法想象。可以说，小马桶改变了大世界。如果没有马桶，人们的生活不知要变成什么样子。马桶的发展史，实际上就是人类社会文明、干净和有秩序的历史。难怪有人说，在时代的今天，人们可以不要汽车、电冰箱、电脑或电视，但却离不开马桶。

早在公元前2000年的克里特岛，就出现了世界上第一个马桶，但直到400多年前，才出现了真正意义上的水冲式马桶，而城市下水道系统更是仅仅只有150年左右的历史。在中国，“马桶”这个称谓最早可追溯到北宋时期欧阳修的《归田录二》中的“木马子”。马桶在较早时期是制作成马的形状的，后来才改成圆桶形状，这也是“马桶”这个称呼的由来。

在现代马桶真正出现之前，人们排泄的地点是随意的。老百姓们大都将自己的排泄物倒在窗户前的街道上，或者“躲到树后面”解决个人问题。1843年，维多利亚女王参观剑桥大学时问陪同的校长：“那些顺流而下的纸张是怎么一回事?”校长知道那些是手纸，但为了不让女王难堪，校长只回答那是禁止在此游泳的告示。不只是平民百姓，就连优雅的贵族们也是如此，亨利四世就曾下令禁止贵族在卢浮宫的角落里大小便。

400多年前，英国有一位名叫约翰·哈灵顿的教士因故被判处流放。1584～1591年间，他在流放地凯尔斯顿的住房里，将马桶与储水池相连，设计出了世界上第一个抽水马桶。由于他热爱文学，并对此发明颇为自豪，因此特地以《荷马史诗》中一位英雄埃杰克斯的名字为它命名。当时，女王伊丽莎白一世抱怨她的里士满宫殿里未倒空的便器恶臭难闻。1595年，约翰·哈灵顿爵士听到女王的烦恼时，便决定用自己的这项发明来给女王排忧解难。于是，哈灵顿的抽水马桶终于在里士满宫殿里安装起来了。

此后，哈灵顿还将他的抽水马桶的设计详细记录在《夜壶的蜕变》一书中，但对大多数人而言，抽水马桶多少显得有些不切实际。当时，人们的生活中没有任何排污的主管道，也没有自来水，更没有多余的闲钱来支付管道装设费用，因此，大多数人仍然选择清理倒空便器，或者让“夜间掏粪人”打扫污物。

18世纪后期，英国发明家约瑟夫·布拉梅改进了抽水马桶的设计。他采用了一些构件，诸如控制水箱里水流量的三球阀以及保证污水管的臭味不会让使用者闻到的U形弯管等。1778年，他取得了这种抽水马桶的专利权。

1858年夏天，伦敦泰晤士河暴发了著名的“大恶臭事件”，人们认识到马桶虽然带来了个人卫生，但由于排泄物是顺着管道直接排到河流里的，从而导致了严重的环境污染，造成了传染病的流行。由此，人们才开始着手建立下水道系统。19世纪后期，欧洲的各大城市都安装了排污系统和自来水管道，抽水马桶才真正在人们的生活中普及起来。

马桶在给人们的生活带来诸多便捷的同时，也引发了一些争论，很多人认为，由于马桶的工作原理问题，造成大量生活用水的消耗和浪费，加剧了水资源的紧张状态。这确实是目前存在的一个无法回避的问题，等待着聪明的科学家们进一步研究并解决。

内燃机

——热与能完美转换器

内燃机是人类历史上非常伟大的科学发明之一，它的出现具有划时代的意义。正是由于有了内燃机，人类才成功地把燃烧的热能转化成机械能，各种机器才得到了强有力的动力来源。

内燃机是将气体或液体燃料与空气混合后，直接输入机器内部燃烧产生热能，再转化为机械能的一种机器。内燃机体积较小，但却拥有着热效率高、启动性能好、便于移动的特点。

汽缸工作原理：汽缸是一个圆筒形金属机件。各个装有汽缸套的汽缸安装在机体里，它的顶端用汽缸盖封闭着。活塞可在汽缸套内往复运动，并从汽缸下部封闭汽缸，从而形成容积作规律变化的密封空间。密封的汽缸是实现工作循环，产生动力的源地。燃料在此空间内燃烧，产生的燃气动力推动活塞运动。活塞的往复运动通过连杆推动曲轴做旋转运动，曲轴再从飞轮端将动力输出。

19世纪中期，科学家们完善了燃烧煤气、汽油和柴油等产生的热转化机械动力的理论，并在此基础之上发明了内燃机。19世纪60年代，内燃机中比较常见的活塞式内燃机问世，经过不断改进和发展，它以热效率高、功率和转速范围宽、配套方便、机动性好等优点获得了极大的好评，成为了比较完善的机械，并且得到了广泛的应用。现在，全世界无论是哪种类型、哪种品牌的拖拉机、汽车、工程机械、农业机械、小型移动电站都以内燃机为动力。在内河运行的内河船舶、在海上运行的商船和常规舰艇，甚至包括某些小型飞机也都是由内燃机来推进的。据统计，世界上内燃机的保有量在动力物理机械中居于首位，可见它在人类活动中占有非常重要的地位。

其实早期活塞式内燃机的动力是打算用火药爆破的方式来获得的，但因为火药燃烧难以控制而未获成功。直到1794年，英国人斯特里特第一次提出了燃料与空气混合的概念，并且提出从燃料的燃烧中获取动力。1833年，英国人赖特提出了直接利用燃气压力推动活塞做功的设计。之后人们又提出过各种各样的内燃机方案，但在19世纪中叶以前均未付诸实践。

1860年，法国发明家勒努瓦模仿蒸汽机的结构设计制造出了第一台实用的煤气机。这台煤气机首先采用了弹力活塞环，这使得它的热效率为4%左右。而这种机器实际上就是一种电点火、无压缩、使用照明煤气的内燃机。此时内燃机真正地被人们所接受。

1876年，德国发明家奥托运用罗沙的原理，成功创制第一台单缸、卧式、往复活塞式内燃机。这台机器采用火焰点火，仍以煤气为燃料，并使机器运转平稳。在当时，无论是热效率还是功率，它都是最高的。

后来，人们发现新开采出来的石油这种物质比煤气更易于运输携带，于是与石油相关的柴油和汽油引起了人们的注意，其中易于挥发的汽油首先获得了试用。1885～1886年，汽油机作为汽车动力运行成功后，大大推动了汽车的发展。与此同时，汽车的发展又促进了汽油机的改进和提高。

1892年，面粉厂粉尘爆炸使德国工程师狄塞尔受到启发，为内燃机的发展开拓了新途径。1897年，首创的柴油机终于研制成功。1898年，柴油机在用于固定式发电机组成功。1903年，柴油机用做商船动力。1904年装于舰艇。1913年，第一台以柴油机为动力的内燃机车研制成功。1920年，柴油机开始用于农业机械和汽车制造工业。

随着内燃机的不断发展，它所存在的问题也逐步暴露出来，它使用石油燃料，同时排出的废气中含有害气体的成分较高，比较影响地球环境。现在人们正在寻找能够代替石油作为燃料的物质，期待在未来可以找到绿色的燃料来代替石油，再次让内燃机发挥它的作用。

内燃机的发明和运用对于人类农业和运输业的发展都有着非常重要的作用，它的出现加快了第二次工业革命的脚步，为人类的进步作出了贡献。

聪明的阿基米德断案

——王冠是纯金的吗

阿基米德（前287～前212），古希腊的学者，生于锡拉库萨。他曾在亚历山大城学习，发现了杠杆原理和阿基米德原理，确定了许多物体的表面积和体积的计算方法等，著有《论球体和圆柱体》《圆的测量》。

所有为了事业不惜献出自己一切的人，必将在事业上有所作为。为解决王冠真伪的问题，阿基米德几乎殚精竭虑，而当他解决了这一问题之后，科学家的使命又使他得出了进一步的结论，即浮力定律，在科学上作出了巨大的贡献。

故事发生在2000多年以前的意大利南部的西西里岛上。在这个岛上，有个锡拉库萨王国。锡拉库萨王国的国王，对自己统治着这样的一个富饶的国家，是非常得意的。

有一天，国王接见了一批来访的外国商人。在他面前，这些商人自然说了不少奉承的话。但是，却有一位年老的商人说他连一顶纯金的王冠都没有，笑话他的穿戴与他的身份不相称。对此，一贯好强的国王是很不服气的，他说："做一顶金制的王冠还不容易吗？请你过一个月再来，你就可以看到我头上戴着金制的王冠了。"外国商人走后，国下立即下令召来了一位手艺高超的金匠，交给他黄金，让他做一顶纯金的王冠，并限他一个月之内把做好的王冠送来。

期限到了。国王兴高采烈，召集全体文武大臣，准备迎接金王冠。鼓乐声中，工匠双手捧着一顶金光闪闪、精致美丽的王冠来到殿前，在场的文武百官对这顶王冠赞赏不已。国王更是喜形于色，也顾不得平日的尊严，急忙走下王座，接过王冠就戴上了。

国王非常喜欢这顶王冠，逢人就夸耀这顶王冠，有时还让周围的亲信细看。这些亲信接过王冠，心里就感到有些奇怪，总觉得王冠不是纯金做的，心想："如果是纯金做的，为什么这么大的王冠，分量却不那么重？"

"可能只有表面是金子，里面掺假了。"

"对，一定是金匠耍了花招。"

可是，他们谁也拿不出明显的证据，所以这个疑问谁也不敢对国王讲。但这些议论在下面悄悄地传开了。不久，背后七嘴八舌的议论被国王知道了。这下子可不得了，国王勃然大怒。如果王冠的确掺了假，就是那位金匠欺骗了国王；如果王冠是纯金的，那么散布"王冠是假货"的人就将成为破坏国王尊严的罪人。

于是，工匠被抓来了。国王劈头就骂："你这个贼，竟敢偷到我的头上来了。快说，你怎么敢在我的王冠上掺假？你把黄金偷到哪儿去了？"

工匠申辩说:“我的国王啊,我怎么敢偷您的黄金呢?不信,请您将王冠称一称,它的重量肯定与我领到的黄金丝毫不差。”

王冠被放在秤上称了一下,果然,它的重量恰好是国王交给他的黄金的重量。这样一来,那些说过“王冠不是纯金做的,肯定掺了假”的人就要成为诋毁国王尊严的罪人了。因此,国王身边的人都惊恐不安。“不过,陛下,金匠也许把一部分黄金换了,从而做成与原来一样重。”“哦,也有可能。不过,你怎么知道呢?你是不是把王冠掰开看过里面呢?”国王这么一讲,谁也不敢再吭声了。

其实,这时候的国王也似乎感觉到王冠没有那么沉甸甸的分量了。于是,在一位大臣的请求下,国王答应给他几天的时间,让他拿出证据来说明王冠到底是真还是假。

正值大臣苦于没有办法的时候,有人给他出了个主意:“我们去找阿基米德吧,也许他会有好办法的。”阿基米德是当时著名的科学家,他有过许多发明和创造,大家都非常尊重他。大臣觉得也只有求助于阿基米德,才有可能解决这个难题。于是,他们找到阿基米德,并把事情的经过跟阿基米德叙述了一遍,请他设法帮助查明王冠的秘密。

王冠到底是不是纯金做的?阿基米德觉得非常有趣。这个奥秘深深地吸引着他。他夜以继日地寻求着解决的办法。他想,要是王冠里面掺了假,可能是银或者铜。同样重的银或铜,其体积要比同样重的金的体积大。现在王冠的重量与纯金的重量一样,要是掺了假,体积一定要变大,可惜王冠的体积无法计算啊!因为王冠是不允许有丝毫的损伤的。这个问题弄得他饭也吃不香,觉也睡不好。家里的人看见他这样,便吩咐仆人硬陪着他上澡堂去洗个澡。

一路上,阿基米德也没有中断过思考。好不容易来到澡堂,在满池的热水前,他依然在思考着。

跨进浴池的时候,他突然注意到,当他在浴池里沉下去的时候,就有一部分水从浴池溢了出去。身体入水越深,溢出的水越多,当全身都入水后，水才停止外溢。同时，他感觉到自己的身体似乎轻了一些。这习以为常的现象，却使处于冥思苦想中的阿基米德豁然开朗。他马上跳出浴池，浴池里的水也立刻浅下去。这时，他已经完全明白了：刚才浴池里溢出去的那部分水的体积，不正是自己身体的体积吗！

他欣喜若狂，竟顾不上穿好衣服，就跑出了浴池，浑身湿淋淋地一面高喊着，一面往家里跑。他回到家里，立即动手做实验。他准备了重量相等的两块铜和银、两个同样大的盆，盆里都装满了水；然后，他把铜块和银块分别放进两个水盆里，发现放铜块的那个水盆溢出来的水多，而放银块的那个水盆所溢出来的水少。这样，阿基米德对检验王冠是否掺假这个难题便胸有成竹了。

阿基米德找到那位大臣，大臣领着他到王宫里见了国王，并对国王说："阿基米德是我国杰出的科学家，他有办法检验王冠是否掺假。"国王问阿基米德："你的办法能保证不损坏我的王冠吗？"阿基米德作了肯定的回答。

当着国王和大臣的面，阿基米德将重量相同的金块和王冠分别浸入装满水的盆子里，再将它们溢出来的水进行比较。结果发现，放王冠那个盆溢出来的水比放纯金的盆溢出来的水多得多。阿基米德把王冠从水中取出来以后，清楚地告诉国玉："王冠是掺假的。"国王和大臣们不懂得其中的道理，都以疑惑的眼光看着阿基米德。

阿基米德又让人取来两块相同重量的木块和铁球，并问周围的人："它们的体积哪个大？"

"当然木块大。""那么，把它们完全浸入水中，哪个排出的水多呢？""当然也是木块排出的水多。"这时，大家才恍然大悟，明白了其中的道理：物体浸入水里，就要排出一部分水。如果物体完全浸入水里，它所排出的水的体积等于物体的体积，相同重量的一块金子和一块掺了假的金子，它们的体积是不一样的。因此，把它们分别浸入水里所溢出的水的体积也不一样。如果王冠是纯金做的，它的体积与相同重量的黄金的体积应该相等，它浸没在水里所溢出来的水的体积，应该与相同重量的金子所溢出来的水的体积相同。既然实验的结果是放王冠的那个盆所溢出的水比放金块那个盆所溢出的水多得多，王冠不是纯金做的这个结论便肯定无疑了。

王冠之谜终于被阿基米德揭开了，国王称赞了阿基米德。不用说，那个敢于捉弄国王的工匠受到了严厉的惩罚。

在我们今天看来，这个问题很简单：只要称出王冠的重量，再除以同体积的水的重量，就可以求得王冠的密度；而将王冠放进盛满水的盆里，量出或称出往外溢的水，就可以得到与王冠同体积的水的重量。这只不过等于做一个并不复杂的中学物理实验。可是，那时的物理学可以说才露出一线曙光，进行这种首创性的工作又谈何容易呀！阿基米德为了测王冠的密度而日思夜想，绞尽脑汁，最后考虑采用测密度的方法。当时已知黄金的比重是 19.3 克/立方厘米。要是测算出王冠的密度不是 19.3 克/立方厘米，那就证明黄金里掺有其他的东西。

阿基米德揭开王冠之谜以后，继续对液体进行研究。发现物体浸入液体之后，受到一种向上的力的作用，这种力就是浮力。通过对浮力的研究，他总结出如下定律：浸在液体里的物体受到向上的浮力，浮力的大小等于物体所排开的液体的重量。这就是著名的阿基米德原理。这条定律不仅适用于液体，也适用于气体。

牛顿的故事

“小推车”背后的定律

大名鼎鼎的科学家、近代自然科学的奠基人——艾萨克·牛顿，总结了万有引力定律、力学三定律，对数学、化学、光学等许多学科都作出了巨大的贡献。他的人生经历十分曲折。

牛顿，1642 年圣诞节（儒略历）的早晨降生于英国东部林肯郡沃尔斯索普村的一个农民家里，他生下来时哭声微弱。接生婆轻轻托起他，怜悯地说："不幸的孩子呀。"就在牛顿快要出生之前，他的父亲就去世了。被生活的重担压得直不起腰来的母亲，担心这个弱小的早产儿难于成活。因为谁都认为，小孩出生时越重越好，至少不能太轻，而这个新生儿仅两斤多重！

牛顿老是生病，长得又小又瘦，已经读小学了，看上去还像个三四岁的小孩。他不仅弱小，而且有些痴呆，学习成绩也很差，因此，常受同学们的歧视和欺侮，加上他性格孤僻，当时没有孩子与他玩。认识他的大人、小孩，都认为他"成不了大器"。

可谁也没料到，正是这个时常受人欺侮的"丑小鸭"，后来竟成为令人景仰和崇拜的科学伟人。小时候，牛顿虽然学习成绩不好，但他对周围的新鲜事物很感兴趣，也爱动脑筋想问题，而且有一双灵巧的小手，会自制各式各样的玩具。用现在的话说，尽管他背书本知识不行，但动手能力很强。

看到旋转的风车，他就做了一个让老鼠蹬着转的风车模型；看到天空飘着风筝，他就做了一个让灯笼带上天的风筝。尽管如此，成绩好的同学仍然骂他是"只会做笨工的小木匠"，还把他的风筝踢得粉碎。这件事对他震动很大。从此，他发奋学习，一跃成为名列前茅的优等生，使同学们不得不刮目相看了。

1661 年，19 岁的牛顿以优异的成绩考入剑桥大学三一学院就读。他读书很认真，对一些著名科学家的定律，也都一一思索，从不盲目接受。他读了不少著名科学家的论著，发现其中一部分论著并不准确。古希腊著名哲学家亚里士多德，曾对物体的运动下过这样的结论："推一个物体的力停下来时，原来运动的物体便静止下来。"2000 多年来，人们一直认为这是科学的真理，不曾有人产生过半点怀疑。尽管牛顿还只是个 23 岁的学生，但他要用怀疑一切的态度来对待以前的科学。他看了亚里士多德那段话后，反复思索着力与运动物体间的关系。

这一天，牛顿见一个人推着四轮小车，那人有点小孩子气，不是像一般人那样一边走一边推下去，而是推几步后，就猛地一推，然后撒开手让小车自己跑一段路，并一直如此重复下去。正是由于那人推车的与众不同，所以引起一些人观看，牛顿更是看得入迷，一直跟在车后，直到那人要进家门了，牛顿才如梦方醒。

他突然冒出一个疑问："这与亚里士多德说的并不一样啊。"他又模仿那人推车的动作，"手已没推车了，可车并没有马上停下来，而且还要跑一会儿才停。亚里士多德的结论是不是错了？"回家后，他马上找来小车做实验：也让小车一推一停地前进。他还在平滑和坎坷的两种路面上进行了对比实验。通过实验他发现用同样大的力量推，小车在平滑的路面上跑较长一段路才停下来，而在坎坷的路面上小车只跑一下就停了。在推动小车前进时，如果突然撤去外力，它还会向前运动一段距离，这是由于惯性的作用。牛顿对这个问题进行了反复的实验和思索。他想，手已不推车了，车为何还能往前跑呢？而且为什么只跑一段路又停下来了呢？这是因为摩擦阻碍了车子运动。假设路是非常平滑的，车轴也没有摩擦，那么小车不就可以一直跑下去了吗？没有任何东西挡住它，也不用手拉住它，那么它就不会停下来。反之也很好理解，停着的小车，你不去用力推它，它肯定会停在那儿永远一动也不动。正是根据这种现象，牛顿推翻了亚里士多德的力与运动物体的关系。

后来，牛顿又经过进一步实验和思考，总结出这样一条定律："任何物体，只要没有外力改变它的状态，便会永远保持静止或匀速直线运动状态。"这就是著名的牛顿第一定律，亦称"惯性定律"。

2000 多年来的亚里士多德的错误结论就这样被一个年轻人给推翻了。无论在社会科学还是自然科学中，实际上从没有绝对完善的结论和法则，思想家马克思不就将"怀疑一切"作为自己研究学问的座右铭吗？如果你也想有所发现和创造的话不妨谨记下面一句格言："大胆假设，小心求证。"

吊灯的启示

——摆的等时性

伽利略是中世纪意大利杰出的物理学家、天文学家，他在科学史上许多伟大的发明和发现，都是他长期刻苦钻研、细心观察的结果。

伽利略从小就爱动脑筋，善于留心观察周围的事物，在别人看来司空见惯、习以为常的事，他却要问个为什么，并能从中领悟到一些新奇的东西。在学校里，伽利略勤奋刻苦，很快学会了拉丁文、希腊文、哲学，就连图画和音乐，他也学得很好。父亲看到这种情况，就放弃了要他做布商的念头，将他送进比萨大学。

在大学里，伽利略不但勤奋学习，而且仍然保持着善于观察事物的好习惯。

一天晚上，他静静地坐在比萨教堂里。突然，他看到悬挂在教堂中央上空的吊灯，被教堂一边敞开的窗子吹进的风刮得左右晃动。他赶紧把窗关上，心想，这样，灯马上就不会动了，可是灯仍然有规律地摇摆着。他便出神地看着，眼睛随同吊灯来回移动。这时，他突然感觉到：吊灯在摇动时的距离虽然不相等，可是它所需要的时间似乎是相等的。于是他马上按住自己的脉搏，口中默默数着数，经过多次验证，他发现灯左右摇摆一次所需要的时间是完全相等的。后来，伽利略把这种摇摆特性称为“摆的等时性”。

这盏灯在教堂里不知摇摆了多少年，看见的人也不知有几千万，可谁也没有发现这其中隐藏的秘密，然而，伽利略却因此展开了深入的探究。他利用发现的定律，造了一个适当长度的摆锤，用来测量脉搏的速度和均一性。后来，他又据此制造了钟表、天文钟。就连当他双目失明、遭受教会迫害幽禁的风烛残年，他还在利用他几年前发现的定律，研究如何利用摆锤测量时间。

静电现象

——调皮电荷的演出

静电是一种处于静止状态的电荷。在干燥和多风的秋天，在日常生活中，人们常常会碰到这种现象：早上起来梳头时，头发会经常“飘”起来，越理越乱；见面握手时，手指刚一接触到对方，会突然感到指尖针刺般疼痛，令人大惊失色；拉门把手、开水龙头时都会“触电”，时常发出“啪、啪”的声响；晚上脱衣服睡觉时，黑暗中常听到“噼、啪”的声响，而且伴有蓝光，这就是发生在人体的静电。

人们对电现象的初步认识很早就有记载，早在公元前585年，古希腊哲学家塞利斯已经发现了摩擦过的琥珀能吸引碎草等轻小物体，而在我国东汉时期，王充的《论衡》一书也有关于“顿牟掇芥”的记载。其中提到的“顿牟”其实就是琥珀。可见，王充最后的结论和塞利斯完全相同。随后，在西汉末年记载了关于“元始中(公元3年)……矛端生火”的记载，即金属制的矛的尖端放电。到了晋朝，书面上还有这样的记述：“令人梳头，解著衣，有随梳解结，有光者，亦有声。”这是关于摩擦起电引起放电现象的记载。

但是以上这些都只是简单现象的记载，并没有进行更进一步的研究和发展。第一次系统地开始研究这个现象的人是英国医生威廉·吉尔伯特，他发现不仅摩擦过的琥珀有吸引轻小物体的性质，而且其他像水晶、金刚石、硫黄、明矾、硬树脂等物质也有这种性质，他把这种性质称为电性，他通过大量的实验驳斥了许多关于电的迷信说法。1660年，马德堡的盖利克用硫黄制成形如地球仪的球体，利用摇柄使其迅速转动，再用干燥的手掌摩擦干燥的球体使之停止，就这样他发明了第一台摩擦起电机。

随着盖利克的摩擦起电机的不断改进，它在静电实验中的作用也越来越明显。1731 年，英国牧师格雷从实验中发现，由摩擦产生的电在丝绸和玻璃这类物体上可以保持下来而不流动。而有一些物体，例如金属，它们虽然不能由摩擦而产生电，但却可以用金属丝把房里摩擦产生的电引出来绕花园一周，在末端对轻小的物体仍具有吸引作用。这个发现使人类历史上第一次分清了导体和绝缘体，并认为电是一种流体。

1745 年，德国牧师克莱斯托一手握瓶，一手摸钉子，试图用一根钉子把电引到瓶子里去，但当他这样做的时候，受到了明显的电击。1746 年，荷兰莱顿大学的教授彼得·冯·慕欣布罗克无意中发现了同样的现象，用他自己的话说，“我认为自己的命没了，手臂和身体产生了一种无形的恐怖感觉”。就这样，电学史上第一个保存电荷的容器诞生了，并且被命名为莱顿瓶。

这最初的名叫莱顿瓶的电容器在欧洲很快引起了强烈的反响，电学家们不仅利用它做了大量的实验，而且做了大量的示范表演。这其中，法国人诺莱特在巴黎一座大教堂前所做的表演可以说是最为壮观的。他邀请了路易十五的皇室成员临场观看莱顿瓶的表演，以令人信服的证据向人们展示了电的巨大威力。诺莱特让 700 名修道士手拉手排成一条全长约 275 米的大型队伍，然后，让排头的修道士用手握住莱顿瓶，让排尾的握住瓶的引线，一瞬间，700 名修道士因受电击几乎同时跳起来，在场的人无不为之目瞪口呆。莱顿瓶的发明，为电学的进一步研究提供了条件，对于电知识的传播起到了重要的作用。

1785 年，库仑发明扭秤，用它来测量静电力，推导出库仑定律，并将这一定律推广到磁力测量上。另外，在 18 世纪后期，贝内特根据前人们对静电的认识和理解发明验电器，它可以近似地测量一个物体上所带的电荷量，这种仪器一直沿用到现在。科学家使用了验电器和扭秤后，使静电现象的研究工作从定性走上了定量的道路。

降服雷公的避雷针

千百年来，人们一致认为雷电是上帝之火，是天神发怒的象征。后来，少数科学家猜测，可能是某种毒气在空中爆炸的结果。不管怎样，反正雷电现象一直曾是困扰人类的谜团。

美国著名科学家富兰克林通过长期观察，认为雷电是大气中的强烈放电现象。为了证实自己的看法，1752 年 7 月，他做了一次轰动全世界的风筝实验，揭开了雷电之谜，证实雷电确实是大气中的放电现象，并证明了这种电与莱顿瓶中的电完全一样。于是富兰克林就有了给"上帝和雷电搬家的人"的称呼。各种桂冠和荣誉也随之而来，北美的耶鲁大学、牛津大学及其他两所大学都授予他博士学位，英国皇家学会接纳他为会员……

然而富兰克林却没有就此止步，他认为仅仅是认识了雷电，并没有征服它！是啊，多少年来，雷电摧毁建筑、烧坏森林、击死人畜……人们视它为凶神、灾难，但找不到任何对付它的办法，只是烧香拜佛，默默祈祷，乞求上帝保佑。但这毫无用处，灾难照样发生。

"既然雷电也是电，为什么就不能驾驭它呢？"富兰克林这样想，他思考着避免遭受雷电袭击的办法。

一天下午，富兰克林正在着手进行新的雷电实验，他的妻子丽德突然告诉他说："不好了，出人命了！"丽德说着，递过一张报纸。富兰克林接过报纸一看："电学家利赫曼不幸被雷电击毙"，这行大字使他浑身毛骨悚然。

原来是这么回事：俄国著名电学家利赫曼，为了证实富兰克林的风筝实验，他把一根约 2 米长的铁棍固定在实验室房顶上，用金属导线引入屋里。一切安排好后，他等待着雷电的到来。1753 年的一天，他正在科学院开会，突然电光闪闪、雷声滚滚。利赫曼心中暗暗高兴，急忙赶回家来。他请来一位画家同行，以便当场向画家介绍实验情况，好为即将印刷的出版物绘制插图，他俩刚一进实验室，画家就提醒道："教授，雷电就要来了，千万当心！”“雷电还远着呢，没有危险！”利赫曼走近仪器，查看静电计，要去接通导线。就在这一刹那，画家看见一团拳头大的蓝色火球从金属棒上滚过，利赫曼的上衣被撕成碎片。等别人赶来，利赫曼的心脏早已停止了跳动。

看罢报纸，富兰克林心里很是为这位同行难过。但是，他没有像大多数人那样谈虎色变，望而却步，而是迎险而上。利赫曼之死，更加坚定了他征服雷电、研究避雷装置的决心。

他想起了1747年的事，当时他和霍普生一起发现，尖形导体在接触带电体时，可以使带电体放电。他兴奋地咧着嘴巴说："有了！把带尖的金属杆装在屋顶上，用电线杆和地面连接，不就可以把天空的雷电引到地下了吗？这样房子就不会遭到雷击了。”根据这个设想，通过反复试验，第一根避雷针终于在富兰克林手中诞生了！

任何新发明，一开始总免不了被人怀疑。富兰克林发明避雷针的第二年，有些人听信教会和反动势力的蛊惑，认为将避雷针刺向苍天，冒犯了上帝，会带来灾祸，就偷偷把装在教堂上的避雷针拆掉。不料，一阵雷电之后，神圣的教堂因受雷击而着火，而教堂周围安装有避雷针的楼房却安然无恙。

避雷针迅速得到推广，1762年传入英国，1769年传入法国，到1784年，整个欧洲的高楼大厦顶上都安上了避雷针。

欧姆与电的传导

今天凡是学过算术并有一定电工基础的人，都能将欧姆定律运用于电路计算。这一切都应该归功于德国物理学家——欧姆。然而，在欧姆宣布他的发现后却遭到非难和攻击，十几年后，欧姆定律才被人们接受。

19世纪初，法国的科学研究水平跃居世界之冠，而德国在当时还比较落后，尤其是在物理学方面。德国物理学家们片面强调定性的实验，忽视理论概括的作用，他们对于法国人的数学物理方法甚为不满。后来，一些改革者提出要以法国科学为榜样，彻底改革德国的科学体制，因此使德国的教育有了较快的发展。

乔治·西蒙·欧姆正是在这种环境中开始电路实验的理论研究，发现欧姆定律的。

欧姆生于德国埃尔兰根城，父亲是个锁匠。16 岁时，欧姆进入埃尔兰根大学研究数学、物理与哲学，由于经济困难，中途辍学，到 1813 年才完成博士学业。

1822 年，法国数学家傅立叶将导热规律总结为“傅立叶定律”，其内容是：通过等温面的导热速率与温度梯度及传热面积成正比。

当时，正在担任中学教师的欧姆对此产生了浓厚的兴趣，他对导线中的电流进行了研究。他认为电流现象与热传导类似，导热杆中两点之间的温度差相当于导线中两端之间的驱电力，导热杆中的热流相当于导线中的电流。欧姆猜想，如果导热杆中两点之间的热流强度正比于这两点的温度差，导线中两点之间的电流也许应正比于这两点之间的某种驱电力。他把这种驱电力称为电动力，即今天的电势差。

开始，欧姆使用伏打电堆作电源，但它的电压很不稳定，给实验研究工作带来很大困难。1821 年，塞贝克发明温差电池。欧姆接受波根道夫的建议采用了温差电池。但他还面临着另一个电流强度的测量问题。开始，欧姆曾设想用电流的热效应，通过热胀冷缩的方法测量电流强度，但很难获得精确的测量结果。

后来，他把奥斯特关于电流磁效应的发现和库仑扭秤结合起来，设计了电流扭秤：用一根扭丝悬挂一根磁针，让通电导线和磁针都沿子午线方向平行放置，再用铋和铜温差电池，一端浸在沸水中，另一端浸在碎冰中，并用两个水银槽作电极，与铜线相连。当导线中通过电流时，他发现磁针的偏转角与导线中的电流成正比。也就是说：在同一电路中，导体中的电流跟导体两端的电压成正比，跟导体的电阻成反比，这就是欧姆定律。

1827 年，欧姆发表《伽伐尼电路的数学论述》，从理论上论证了欧姆定律。然而这一实验结果发现初期，许多物理学家不能对其正确理解和评价，因此遭到怀疑和尖锐的批评。研究成果被忽视，经济极其困难，使欧姆承受着巨大的压力。

不久，随着研究电路工作的进展，人们逐渐认识到欧姆定律的重要性，欧姆本人的声誉也大大提高。1841 年英国皇家学会授予他科普利奖章，1842 年被聘为国外会员，1845 年被接纳为巴伐利亚科学院院士。为纪念他，电阻的单位以他的名字命名为“欧姆”。

欧姆定律是电学中的重要定律，它的发现给电学的计算带来了很大的方便。欧姆定律不仅在理论上非常重要，在实际应用中用途也非常广泛，与日常生产、生活用电联系非常密切。

叩开电子时代的大门

1906 年，美国一家法院开庭审理了一件极不普通的案件。罪名是“公开行骗”“私设电台”的被告不仅不认罪，反而将法庭当成讲坛，他充满激情地说：“历史必然证明，我制造出了未来时代的王冠。未来的时代将是无线电的时代，这顶王冠就是真空三极管。真空三极管将开创这个时代的新纪元。”

这位雄辩的被告就是被誉为“无线电之父”的德福雷斯特。如同中国古语讲的那样“祸兮福之所依”，诬陷不仅未将他送进监狱，反而使他在这场官司中出了名。

1906 年 6 月 26 日，德福雷斯特发明的真空三极管获得了美国专利。后人将这一天定为真空三极管的诞生日。

真空三极管是怎样发明的？它有什么作用呢？

德福雷斯特出生于美国。他上小学时被人视为笨孩子，读中学时也很平凡。19 岁时，他考上大学，学的是机械制造。大学二年级时，他在芝加哥世界博览会上，看到了交流发电机及 9 万盏五颜六色的电灯供电，井始思索准备改变努力的方向。后来他从杂志上看到马可尼成功地进行了无线电表演的报道后，就迷上了无线电，决心为此奋斗终生。

有一次，马可尼在一艘军舰上演示无线电装置，看热闹的人把港口挤得水泄不通，德福雷斯特也夹在其中，他挤到最前面，站在收报机前总想动手打开看看。马可尼的助手肯普见他如此好奇，就把发报机打开，让他看个够。德福雷斯特点头致谢后，便仔细地扫视着收报机的各部件，最后，目光停留在一个小玻璃管上，他大胆地问："这就是金属检波器吧？"

同舰长谈话的马可尼听到这话，感觉到德福雷斯特是个有功底的青年，就对他说："这是你所说的金属检波器，不过还有待于改进。"马可尼还强调，要使无线电的通信距离更远，就得革新这种原始的检波器，至于怎么改法，马可尼也没主意。与马可尼交谈之后，德福雷斯特非常兴奋：原来改进检波器，是研究无线电亟待解决的重大课题，说不定我可以完成它呢！

有了事业上的目标和方向，德福雷斯特马上辞去了芝加哥西方电气公司助理研究员的职务，全力以赴开始改进检波器。然而，发明创造谈何容易？他节衣缩食，不顾一切地干了一年，毫无收获。1900 年的一个冬夜，他又在进行实验。他边按电键，边观察检波器的反应，突然感到头顶的灯光一明一暗，原来，按动电键，灯就变暗，松开电键，灯就变亮。这一奇异现象使他产生了一个念头：能不能利用这一现象来搞无线电检波呢？照此设想，他发明了气体检波器。

他废寝忘食地研究一种新的检波法——用真空管检波。这时他突然得知：英国的弗莱明已经发明了真空二极管。这个意外消息对他恰是当头一棒，使他几乎一蹶不振，眼看自己多年的奋斗目标已被捷足先登，是步人后尘还是半途而废或改弦更张？德福雷斯特陷入彷徨之中。

很快德福雷斯特意识到：科学研究是人类共同的事业，发明二极管并非研究无线电的目的，既然弗莱明首先打开了突破口，我为何不踏着他的脚步继续前进呢？作为发明家，不应该重复别人的劳动，但应该懂得如何借鉴别人的经验和树立新的目标。

德福雷斯特分析了弗莱明的二极管，发现它比金属检波器是前进了一步，但它仅能起检波作用，并不能起放大作用，于是他找到了新的突破口。德福雷斯特在电子管里插进第三个电极，即在灯丝和屏极之间安放一小片锡箔。这看起来是一点小小的改进，但它引起了质的变化。他惊奇地发现：在第三个电极上加一个很小的电信号，便能显著地改变屏极电流的大小，而且改变的规律与信号完全一致。富有想象力的德福雷斯特顿时意识到，这表明第三个电极对屏极电流真的有控制作用，也就是说具有放大信号的作用。这可是无数科学家梦寐以求的呀！

德福雷斯特继续进行着实验，并不为取得的成绩而沾沾自喜。为了提高控制的灵敏度，增强放大功率，经多次研究，他改用白金丝扭成的网代替锡箔，于是，世界上第一个真空三极管就在他手下诞生了！它非常灵敏，可根据信号改变屏极电流的大小，从而将微小的电信号放大许多倍。

三极管的出现，使世界开始大步迈入电子时代。从1918年起，各种无线电设备就已普遍采用三极管。正因为有了三极管，无线电通信、收音机、电视、雷达等发明才纷纷涌现。因此，人们爱把真空三极管比喻成无线电的心脏，因此尊称德福雷斯特为“无线电之父”。

电　池

——储存电能的能量块

手机可以帮助我们和朋友保持联系；电子表可以向我们通报时间；手电筒可以帮助我们在黑暗中照明，而这些物品的工作都离不开电池的有力支撑。确实，电池已经成为我们生活中的必需品，出现在生活的每一个角落。

由于人们对于获取持续而稳定的电流的需要，电池诞生了。可是，发明电池的灵感，竟然来源于一次解剖青蛙的实验，这多少会让人感到意外。

1786年的一天，意大利的伽伐尼在实验室解剖青蛙，当他用刀尖触碰剥了皮的蛙腿上外露的神经时，发现蛙腿发生剧烈的痉挛，同时出现电火花。他认为造成这种痉挛的原因在于，动物体上本来就存在电，经过多次实验，他把这种电叫作“动物电”。

接下来，意大利的一位物理学家伏打把一块银板和一块锌板浸在盐水里，结果发现连接两块金属的导线中有电流通过。他就把许多银片与锌片平叠起来，在它们之间垫上浸透盐水的纸片或绒布，用手触摸两端时，感到了非常强烈的电流刺激。基于这种情况，伏打成功制成了世界上第一个电池——伏打电堆。事实上，这个“伏打电堆”实际上就是串联的电池组。

后来，法国的雷克兰士于1860年发明了世界广泛使用的电池（碳锌电池）的前身。这种电池装在容器内，用黏浊状类似糨糊的物体取代了最初潮湿水性的电解液。雷克兰士制造的电池虽然简陋但却便宜，所以一直到1880年才被改进的“干电池”所取代。1887年，英国人赫勒森发明了世界上第一块真正意义上的干电池。相对于以前的液体电池而言，干电池的电解液为糊状，便于携带，不会溢漏，因此获得了更为广泛的应用。

伟大的发明家爱迪生，发明了可充电的铁镍电池，在电池的发明道路上作出了卓越的贡献。从1910年开始，可充电的铁镍电池开始进行商业化生产。

从最早的铅蓄电池、铅晶蓄电池，到铁镍蓄电池以及银锌蓄电池，发展到铅酸蓄电池、太阳能电池以及锂电池……充电电池的形式越来越多样，种类也变得越来越丰富。不仅如此，蓄电池的发展也有了长足的进步：电容越来越大，性能越来越稳定，充电越来越便捷，应用领域也变得越来越广。

由于锂是所有金属里最轻的，甚至比水还轻，所以在现今的电池世界里，金属锂经常被用来制作电池。锂离子电池通过锂离子在正负极之间跑来跑去来充电和放电。事实上，当初爱迪生就曾经发明过锂电池，但是由于锂金属的化学特性非常活泼，需要保存在石蜡里，这就使得锂金属的加工、保存、使用以及对环境的要求非常高，所以在当时，锂电池没有得到广泛的应用。但是，随着科技的进步，这些问题也就不是问题了。近30年来，锂电池取得了巨大发展。我们日常生活用的计算机、计算器、照相机、手表中的电池都是锂电池。

锂电池相对于其他电池，其优势是非常明显的：工作电压高、体积小、质量轻、能量高、无记忆效应、无污染、自放电小、循环寿命长……正因为如此，它才成为最适用于电动汽车的电池之一。这个领域最先进的技术是把好多个电池做成很薄的层，然后叠在一起，即“层叠电池结构”。这样的话，就可以用很小的体积达到非常高的效率，在这方面，日产汽车公司走在行业的最前沿。

作为储存电能的能量块，电池已经诞生了200多年，并且现在仍然在不断改进，在现代科技中，电池扮演的角色越来越不可或缺。

梨形的电灯泡

我们常见的白炽灯为什么要做成梨形的呢？为什么不是圆形的、方形的或者是其他的形状的呢？做成梨形有什么好处吗？

灯的首次使用已很难确切地考证了。不过，电灯的问世却有据可查。世界上第一盏梨子般大小的电灯由美国著名科学家托马斯·阿尔瓦·爱迪生于1879年10月21日试制成功。

在研制电灯泡的过程中，爱迪生认真分析了当时的煤气灯和弧光灯，他把主攻的方向定在寻找一种耐热材料上。这种材料可以用电流把它烧到白热化程度而发出炽热的光，却又不至于断裂或熔化。有一次他发现棉线在空气中一下子烧成灰烬，而碳棉线放入处理过的玻璃球内则发出了炽光。唯一不足的是，光亮只维持了几分钟就消失了。遗憾的是他放弃了这项试验，转而试用铯、镍、铂、铂铱合金等 1600 种不同的耐热材料，但都收效甚微。

在经历过很多次失败后，爱迪生重新回到了碳的研究上。随后，他试验了一段长 20 厘米、直径为 0.15 厘米的碳棒，其耐热力达到 5.5 小时，他又不断改进着碳化方法和抽气处理方式。

1879 年 10 月 21 日，他用 1 根直径为 0.025 厘米碳化了的棉线用作灯丝，发出的光，明亮、稳定，它的亮度比 4 根蜡烛发出的亮度还要明亮得多，1 小时过去了、2 小时过去了……这个灯丝足足亮了 45 个小时，后来又经过他 1 年多的努力，数万次不断的试验，人们盼望已久的电灯终于问世了。

1879 年 11 月，爱迪生改用碳化了的卡纸大大提高了电灯寿命后，生产商已经迫不及待地把它投入生产。这次的成功并未使爱迪生停止继续改进灯泡的脚步。1880 年，他制造出能连续亮上 1200 个小时的毛竹丝灯。直到 1904 年，奥地利人发明了比毛竹丝灯强 3 倍的钨丝灯，前者才被取代。钨丝灯从 1907 年起一直沿用至今。

现在几乎所有的白炽灯泡都用到钨，因为它是目前所知道的最理想的灯丝材料。金属必须要加热到一个极高的温度才会发出有用的可见光。但是大多数金属在达到这个温度之前都会被烧得熔化了，而钨丝的熔点非常的高，它在发光的时候也不会被熔化掉。但钨丝在这么高的温度时会起火，如果条件允许，两种化学物之间就会发生反应而引起燃烧。所以灯泡里的灯丝需要由一个密封、无氧空间覆盖来防止燃烧。把灯泡里的空气都吸出来创造一个接近真空的状态，所以物质就不会燃烧。

由于电灯泡的灯丝是用金属钨制成的，通电后，灯丝发热，温度高达 2500℃以上，金属钨在高温下升华，一部分金属钨的微粒便从灯丝表面跑出来，沉淀在灯泡内壁上。时间一长，灯泡就会变黑，降低亮度，影响照明。科学家们根据气体对流是由下而上运动的特点，在灯泡内充上少量惰性气体，并把灯泡做成梨形。这样，灯泡内的惰性气体对流时，金属钨黑色微粒大部分被气体卷到上方，沉积在灯泡的颈部，便可减轻对灯泡周围和底部的影响，保持玻璃透明，使灯泡亮度不受影响。

电流生热的奥秘

我们用手去摸发光的电灯泡，会觉得它比不发光时热。生活中其他的电器，如电饭锅、电热毯等，它们都有一个共同特点，就是通电后能够发热，这种现象就是电流的热效应。电和热之间有什么关系？19 世纪，焦耳第一个揭开了这个秘密。

焦耳是英国的物理学家，他于 1818 年 12 月 24 日出生在曼彻斯特一家啤酒厂主的家庭里。按照当时的传统，子承父业，焦耳自小就跟着父亲学酿酒，因此只受过很少的正规教育。但是，焦耳天资聪明，喜欢思考，酷爱科学实验。他常常自己动手做一些关于电、热之类的实验。青年时期，在朋友的介绍下，焦耳认识了著名的化学家道尔顿。道尔顿给予了焦耳热情的教导，为焦耳后来的研究奠定了理论基础。

1854 年之前，焦耳和他的哥哥一同经营父亲留下的啤酒厂，并利用业余时间进行科学研究。他最初的研究方向是电磁机，为了提高工作效率，焦耳想将父亲的酿酒厂中应用的蒸汽机替换成电磁机。1837 年，焦耳装成了用电池驱动的电磁机，但由于支持电磁机工作的电流来自锌电池，而锌的价格昂贵，用电磁机反而不如用蒸汽机合算。焦耳的最初目的虽然没有达到，但他从实验中发现电流可以做功，这激发了他进行深入研究的兴趣。

1841 年的一天，焦耳把通电的电阻丝直接放入纯净的水里，让电阻丝产生的热量使水的温度升高，用插入水中的温度计测出升高的温度，他发现，电阻丝的电阻越大，通过的电流越大，通电的时间越长，水的温度就越高，表明电流产生的热量越多。

之后，焦耳又做了大量的实验，并精确地确定了电流产生的热量跟电阻、电流强度和通电时间的定量关系：导体在一定时间内放出的热量与导体的电阻及电流强度的平方之积成正比。这就是焦耳定律。

之后，焦耳很快把这一发现写成论文，并于1841年发表在英国《哲学杂志》上。然而，焦耳的论文并没有引起学术界的重视。

1842年10月，俄国物理学家楞次在做了多次电与热的实验后，向俄国科学院报告了他的研究成果——与焦耳完全一致的结果。当时，一些科学家认为，这不是一个新的发现，焦耳一年前已经发表了类似的结果。但是楞次却坚持认为，他的研究工作在焦耳的论文发表之前早已开始，当时他并不了解焦耳的研究，他的研究方法和焦耳的研究方法是完全不同的。

事实上，焦耳和楞次的确是相互独立地开始进行电流的热效应研究，他们用完全不同的实验方法，分别发现了通电导体产生热量的客观规律，为了纪念这两位科学家作出的贡献，人们把这一定律称作焦耳—楞次定律。

焦耳—楞次定律描述了电流产生热量的基本规律，电流通过导体时，产生热量的多少就是由焦耳—楞次定律计算的，这在生产中具有非常大的应用价值。在生产实践中，任何电器设备和电路设计，都必须把电流产生的热量控制在一定的范围，这时就要用焦耳—楞次定律进行计算。例如，电炉、电烙铁、电饭煲等，都要求一定的额定功率，设计人员就是应用焦耳—楞次定律进行计算，通过选用合适的用电器阻值来达到要求的额定功率。

焦耳还准确地测定热功当量，以无可辩驳的事实进一步证明了能量转化和守恒定律是客观真理。为了纪念这位物理学家的伟大业绩，物理学将功的单位命名为焦耳。

过犹不及的九龙杯

从前有一个皇帝，坐定江山之后，专横跋扈，横征暴敛，花天酒地，骄奢淫逸，致使奸臣当道，民不聊生，忠臣良将，三缄其口。

有个大臣，深知黎民百姓的苦难，发誓以自己的绵薄之力规劝皇帝。他深知皇帝地位至高无上，听不进半句逆耳忠言，一句话不小心就会招致杀身之祸，只有学古人借助自然现象、巧妙的器物、婉转的讽喻，或可奏效。

他日夜苦思冥想。一日来到山下，见有竹筒向下流水，清澈透明，知是山中泉水。当地人告诉他，这叫过山龙。山那边有泉水，却被山岭阻隔，便用竹筒一节节连起来，直上山岭，将水提高两丈(1 丈约合 3.3 米)多，然后再沿山坡向下通到这里。这里比泉水水源低很多。竹筒连接处用油灰、黄蜡密封，使它不漏水也不漏气。

“装好竹管后怎样将水引过来呢?”

“只要在这边水管口的下面烧松木、干草，让火气进入竹筒，水就会自动流过来。”

“这过山龙用了多少年了?”

“听老人们讲，已经有几百年了。在大唐时就安上用了，后来换过几回竹筒。”

这个大臣忽然想起，在宫廷里见过的铜壶滴漏，那是计时用的仪器，是根据漏水的多少看时辰的。上面就有个类似过山龙那样的管子，是一根弯钩状的铜管，叫渴乌。弯管跨在盛水的铜器上，一端插进水中，另一端向下通到银龙的口中，只要将渴乌先灌满水，上面铜器中的水就会自动流到下面的银龙口中，一直到流完为止。这是汉代就有的。

大臣回府后，由渴乌、过山龙想出了一个主意。第二天，他找来一位能工巧匠，最后商定用渴乌取水的道理做个酒杯。半年以后，一个精致的九龙杯做好了。

一日，这个大臣上朝，将金光灿灿的九龙杯献上，皇帝大喜。这杯的上部是个敞口酒杯，杯身雕有8条形态各异、叱咤风云的金龙，杯子中间有一条昂首向天的金龙。杯子下部是个高高的底座，腰部有个荷叶盘。皇帝叫人拿酒试杯。斟酒时，他两眼盯住酒杯，斟着斟着，刚刚倒满，忽然咕噜一声，杯中滴酒不剩。皇帝大怒。献杯的大臣不露声色，向前禀道："此九龙杯乃天神指点，教人做事要有节度，不可贪心，贪心则空。正合'过犹不及'之古训。"

皇帝无心喝酒，若有所思，当场奖赏了那位大臣。后来，这九龙杯成为皇帝手中的玩物。

九龙杯今已研制成功，并到国外展销，深受顾客青睐。

渴乌、过山龙、九龙杯，都是虹吸现象的利用。九龙杯中间的龙头里，实际上是个弯钩状的管道。酒不满时，龙头里通下面底座的管子是空的，酒漏不下去，而盛满酒后，龙头里的酒上升并超过空管。在大气压的作用下，酒便顺着空管漏到底座中去了，而且是直到漏光为止，因为底座比上面的酒杯低很多。

阳光的色彩

自古以来，人们就不断地思考这么个问题：五颜六色是怎么来的？古希腊学者亚里士多德认为，各种不同颜色是由于照射到物体上的亮光和暗光按照不同的比例混合而成的。这种解释有些牵强附会，一直不能让人满意。

后来，随着显微镜的发明，越来越多的科学家也加入了对光研究的行列，各种新式的光学元件也都被用于观察五花八门的光学现象。在所有的光学仪器中，最有意思的要算是三棱镜了。它能将一束阳光折射成一条色带，按照红、橙、黄、绿、蓝、靛、紫的顺序排列，这条色带被人们称为"光谱"。

没有人知道为什么白色的阳光透过三棱镜后会变成七彩色带。在当时比较流行的说法是：从太阳表面不同点发出的光进入棱镜时的角度各不相同，结果造成三棱镜对这些光线的折射不同，从而形成不同的颜色。

在光学上颇有造诣的科学家对这种说法都深感怀疑，这其中也包括英国科学家牛顿。说起牛顿，这可是一个集笨蛋与天才为一身的奇人。他常常说自己是“笨蛋”，因为有时候这个伟大的科学家竟连一些生活常识也弄不明白。一个寒冷的冬夜，牛顿搬了张椅子坐在火炉边，专心致志地计算着光的波动公式。不一会儿，炉火越烧越旺，牛顿的脸上已经沁出一层密密的汗珠。他抬头望了望炉火，又伏下身子计算起来。过了一会儿，火烧得更旺了，腾腾的热气将牛顿的脸烤得通红，贴身的衣衫也被汗打湿了。牛顿觉得实在难以忍受，偏偏此时仆人不在，面对着那只巨大的火炉，牛顿显得束手无策，只好忍受着烈火的炙热，继续他的研究。好不容易等到仆人赶来，牛顿已经快要被烤出油来了。他马上叫仆人把炉子移远点。没想到仆人站在炉子旁一动不动，过了一会儿，仆人终于开口了，他困惑地说：“先生，您为什么不把椅子往后移一些呢？炉子这么重，又热得烫人，三个人也抬不动呀。”“对呀！我怎么没想到呢？”牛顿不好意思地笑了，“我真是个笨蛋。”仆人也笑了起来，他深知主人的性格。

正是这位自称“笨蛋”的伟人，总结出了力学“三大定律”，奠定了近代经典力学的基石。尤其是他进行了著名的“判决性实验”，对光谱的形成做出了科学合理的解释。

为了判断三棱镜对太阳光线折射的不同造成色带的说法有无根据，牛顿于1666年精心设计了一个“判决性实验”，还为实验亲手制作了两个质量很好的光学三棱镜。

首先，他将房间的百叶窗放下，百叶窗上有一个事先挖好的小孔，房内顿时暗了下来，外面的阳光透过这个小孔投射在三棱镜上，透过棱镜后，光线成一条彩带投射在事先设置的屏幕上。屏幕中间开有一条垂直的狭缝，牛顿随后将棱镜不断地转动，使光谱的红、橙、黄、绿、蓝、靛、紫7条色带，依次投射在狭缝上。在屏幕的后面，牛顿又设置了一道三棱镜，这样，七色光依次透过第一道屏幕狭缝，再经过第二道三棱镜，最后投射在第二道屏幕上。这时，奇异的现象出现了，第二道屏幕上只出现单一的色光，却不再出现七色光谱。

按照那种由于光在入射时角度不同导致棱镜对它的折射不同而形成光谱的说法，各色光从狭缝射到第二个棱镜时的入射角也不相同，理应由于折射的不同而再一次造成色散形成新的光谱。但实验的结果与此不符。这样看来，这种说法是站不住脚的。那么，如何才能正确地解释太阳光（白光）通过三棱镜后形成光谱的现象呢？牛顿这样认为：白光是由折射能力各不相同的单色光混合而成的。当白光透过棱镜时，各种单色光彼此远离而形成一条七彩色带。而一种单色光是单一成分，即使再透过棱镜也不会造成色散，只不过折射得更厉害一些而已。

光谱的奥秘终于被揭开了！牛顿马上将这一理论运用到望远镜的改进工作上。他成功地应用一种凹、凸透镜组合而成的望远镜，一举消除了当时严重影响观测准确性的色差问题。

牛顿的成功，奠定了现代大型光学天文望远镜的研制的基础。“白光是由各种单色光混合而成的复色光”这一重大发现，也被广泛用于一系列重要的领域中，加速了光学研究的发展。

奇妙的玛瑙盂

大约在12世纪初，我国宋代徐州地方有一个叫陈皋的官员。一天，他到乡下微服私访，走在田野中。忽见几个人在一起挖掘着什么，过去一看，方知是开荒种田的遇到一座无名古坟。棺木已腐朽，也无什么陪葬品，只有几只破碗和一个像酒杯一样的东西，被扔在一边，开荒人认为不吉利，不愿要。陈皋一眼看见那个酒杯，酒杯完好无损，他想：就算是个酒杯，也不好再用来喝酒了，不过用它盛水研墨倒很合适，于是经开荒人允许，就带回府中，刷洗干净，放在书桌上。他见这个圆形小杯，白底儿上有几条淡淡的红色条纹，兴许是用玛瑙制的，就叫它玛瑙盂。陈皋仔细端详，发现它若做酒杯也真不方便，酒倒是能盛下 2 合（10 合＝1 升），可是杯的底座太厚了，端着都觉得沉。

第二天他要研墨，拿着玛瑙盂到池边去盛水。回来写公文时，不经意地向玛瑙看了一眼，水中好像有条一寸长的小鲫鱼游来游去，甚是可爱。他想：八成是刚才到池边取水时鱼儿自己游进来的，便不再想。等写完公文，他又看到那条小鱼，“何不放到缸里养起来呢？”他顺手拿来一个白色的缸，将鱼倒进去。奇怪，缸里没倒进鱼去，再看那玛瑙盂，空空的也没有鱼了。莫非看花眼了？带着疑惑，他又去取水，结果，那条活泼可爱的小鲫鱼又出现在杯中。他用手去捉，什么也没摸到。真是件宝物！从此他爱不释手，盛水，倒水，盛水，倒水，一天能看上十几次。有个管水利的官员来看望陈皋时，他们曾一同观赏，共同赞扬制作玛瑙盂的工匠鬼斧神工，但谁也不明白其中的奥妙。

无独有偶，我国传统戏剧中有一出《蝴蝶杯》，说有一件明代的祖传宝物，杯中盛满酒时，就有一只蝴蝶在杯中扑动翅膀，翩翩起舞，喝干了酒，蝴蝶就无影无踪。这与玛瑙盂是异曲同工。

20 世纪 80 年代初，我国已将蝴蝶杯研制成功。蝴蝶杯的下部藏了一只制作精巧的蝴蝶，用细细的弹簧将它挂起，轻微的振动就能使它晃动，如飞舞之状。在它的上面嵌了一个小放大镜，而蝴蝶的位置是在它的焦点以外。这时人看杯底，由于小放大镜的作用很难发现那只蝴蝶，这是因为按凸透镜成像规律，蝴蝶的像是在凸透镜的另一侧也就是人眼这边，是放大的实像，像的光线很弱，且不容易到实像的位置。在杯中放上透明的白酒以后，这酒在杯中恰似一个凹透镜，它又紧靠着那个凸透镜。这样，当平行光线通过凹透镜时，光线要分散，分散的光线再通过凸透镜时，焦点必然变远。就是说，加了凹透镜的凸透镜，焦点变远。尽管蝴蝶位置不变，但它处于焦点以内了。这时蝴蝶的像就变成了放大的正立的虚像，而且是在同侧。于是，人们很清楚地看到一只不停晃动的大蝴蝶。

玛瑙盂的构造已不得而知，可能也像蝴蝶杯一样，只要把“蝴蝶”换成“小鱼”就行。

幻灯的发明

18 世纪末，巴黎市区内出现了一个巡回演出的“魔法”表演队，其领队是法国人罗伯尔。每到一个地方，罗伯尔总是用黑布搭起一个能遮光的暗室帐篷。表演开始时，他口念咒语，手舞足蹈，这时场内的灯突然熄灭，帐篷内一片漆黑。就在观众感到惊奇和紧张之际，一些张牙舞爪的怪物和面目狰狞的魔鬼嚎叫着向人们扑来。这时，大人们屏住了呼吸，小孩们惊叫起来，其实，帐篷里并没有什么鬼怪，罗伯尔也没有什么魔法，人们看到是一种“魔术幻灯”表演。罗伯尔在观众周围支起用薄纱做成的半透明映幕，用多台幻灯投映，画在玻璃片上的画面从映幕后面投到映幕上。由于罗伯尔严格保守秘密和当时科学的不发达，在近 10 年中，人们一直弄不清罗伯尔玩的是什么法力，甚至有人请求他召唤自己已故亲人的灵魂。这种“魔术幻灯”使罗伯尔赚了许多钱。实际上，幻灯早在 1654 年就问世了，它的发明人是德国犹太学者基歇尔。基歇尔制作的幻灯看上去像一只小铁皮箱，箱子的顶部有一根供窥视用的小铁管，箱子的前部装有投放映像的镜头，这个简单的镜头由一块镜子和滑动圆筒构成。镜头与铁皮筒之间安有一块调焦板。这种幻灯的光源是蜡烛和油灯，后来改为钨丝灯和电弧灯。箱内有一个会聚反光镜，将光线聚集后射向镜头，光线通过镜头后就成了光柱。这种幻灯在问世后相当长的时间内，主要用于教学。

激　光

激光雕刻印章——美丽的塑胶印章是烧出来的

当我们看到塑胶印章上面精美的花纹时，是否惊讶于雕刻者的精湛技艺呢？其实我们不必惊讶，这些美丽的图案是用激光烧出来的，准确地说是用高能量的激光束雕刻出来的，当然这些花纹事先要经过专业的软件在电脑上设计好。

激光怎么能雕刻印章呢，它能和刀子一样锋利吗？它能按照人们的意图去丝毫不差地完成自己的工作吗？

激光是人类进入20世纪之后，继原子能、计算机、半导体之后的又一重大发明。激光被称为“最快的刀”“最准的尺”“最亮的光”和“神奇的激光”。它的亮度为太阳光亮度的100亿倍。其原理早在1916年已被著名的物理学家爱因斯坦发现，但直到1960年激光才被首次成功地制造出来。激光是在有理论准备和生产实践迫切需要的背景下应运而生的，它一经问世，就获得了飞快的发展。激光的发展不仅使古老的光学科学和光学技术获得了第二次生命，而且导致一个新兴产业的出现。激光可使人们有效地利用前所未有的先进方法和手段，去获得空前的效益和成果，从而促进了生产力的发展。

雕刻印章是激光加工技术中最常见的功能之一。激光加工技术是利用激光束与物质相互作用的特性对材料（包括金属与非金属）进行切割、焊接、表面处理、打孔、微加工以及作为光源识别物体等的一门技术，传统应用最大的领域为激光加工技术。

随着人们对激光技术的进一步研究，激光的很多功能被人们开发出来。美国得克萨斯州大学的科学家研制出了世界上功率最强大的可操作激光，它每万亿分之一秒产生的能量是美国所有发电厂发电量的2000倍，它能为人类做一些难度更高的事情。

最近，科学家开发出用激光“抓住”碳纳米管并使之移动的新技术。

这种技术可以为芯片制造工程师提供一种把纳米元件移动到预定位置的新的操作方法，从而制造出以纳米管为基础的微型芯片。

直径只有几纳米、长约100纳米的碳纳米管具有半导体性能，这意味着碳纳米管可能在某一天成为低功率超快速计算机芯片的根基。迄今，安装碳纳米管的唯一方法是利用一种名为原子力显微镜的昂贵设备，设法推动纳米管至预定位置，然而这种方法操纵起来十分费事。

为了改变这种状况，美国伊利诺伊州纽约大学的科学家和一家光学公司的科研人员试验了一种名为“光学捕获”的新兴技术，试图更顺利地操纵碳纳米管。光学捕获技术就是利用激光能捕获微小粒子的能力，在移动激光束时使微小粒子跟随激光移动。由于激光能捕获微小粒子，因此在它移动时就会像镊子一样，“夹”着微小粒子移动。科学家把这种现象称为“激光镊子”。现在生物学家已能用激光镊子夹住单个细胞。例如，从血液中分离出单个血红细胞用于镰刀状血红细胞贫血症或疟疾的治疗研究。激光镊子能“夹”住微小粒子，是因为激光束中心强度大于边缘强度，因此当激光束照射一个微小粒子时，从中心折射的光线要比向前的光线多。

光学捕捉技术的突破，让人们对激光有了进一步深入的认识，我们不仅仅能用激光移动一些具体的东西，我们还可以用激光进行更加细微的工作，而这种工作是人工所无法完成的，相信随着科学的发展，激光技术必将为人类创造更多的财富。

现在人们不仅仅能够利用激光技术进行美容，还可以利用激光技术进行古字画修复；不但能够让现实中的人变得更加的年轻美丽，也能够使陈旧的字画焕发青春，达到化腐朽为神奇的效果。

激光修复——激光能使字画焕发青春

科学家们最近发明了一种高端的激光磨平技术，这种高超的技术可以去掉几百年以来沉积在画上的一层脏污垢，让整个画面变得光鲜整洁，就像新的一样。现在，小小的光束似乎是修补者的最佳工具，它能去掉半个微米的表层，并不损坏作品的颜色，这就使古老的绘画作品重现了原有的光彩。

为了修复17世纪的一幅画，克里特大学电子结构和激光研究所所长、希腊科学家科斯塔斯·富塔基斯运用了准分子激光器。这种装置产生激光束的工作物质是由准分子气体组成，必要时可用氪和氟。通过脉冲放电提供激发用的能量，气体原子吸收能量形成极不稳定的分子。这种能量立刻以激光辐射形式释放，分子也很快被这种能量“炸碎”，恢复到基态原子，从而实现修复画面的目的。

激光美容——激光能使人返老还童

早在1917年，伟大的科学家爱因斯坦就曾预言激光辐射的存在和光放大的可能，从而建立了激光的基本理论，为激光的发明奠定了理论基础。

1960年，科学家梅曼制成了世界上第一台激光器——红宝石激光发射器，人类第一次创造出了激光，从此，一种全新的光源诞生了。

1963年，红宝石激光开始运用于良性皮肤损害和文身治疗并取得成功，从此激光技术开始应用于人类的美容。

20世纪80年代，相继出现了铒激光、准分子激光，以及不断完善的二氧化碳激光和脉冲染料激光。激光新技术已经较为成熟地用于研究、诊治疾病和皮肤美容治疗，并且已经形成一支庞大的专业化队伍，这是激光医学学科形成的重要标志之一。

20世纪90年代起，随着科学的不断进步和激光技术的深入发展，医学用激光器朝着高性能、智能化、微型化及专业化方向发展。

20世纪90年代中、后期，先进成套的激光美容仪以前所未有的速度涌进美国、以色列、英国、德国等国家，并开始得到普及，一些国产的激光美容仪在国内也得到了越来越多的应用。

激光技术发展到今天，已经被广泛地运用在美容业中，其前景不可小视。现代激光美容已成为当代医学美容中最具有魅力和远大前途的部分。美容激光的问世为整形美容领域提供了新的技术治疗手段，也解决了以往的治疗方法无法解决的许多问题。

现在医学界通常使用复合彩光嫩肤祛色斑突破传统的单头彩光技术，开辟七头彩光美容新技术。复合彩光嫩肤祛色斑的七个光头其实就是七个光源发生器，起主要作用的是长脉冲激光，它们一起作用于皮肤组织，祛色斑、血丝，同时刺激胶原蛋白的增生，增强皮肤亲水性，提升皮肤的弹性，使祛斑、美白和嫩肤一站式搞定。复合彩光嫩肤祛除色斑一个疗程仅需 15～20 分钟，就可以祛除雀斑、色斑、老年斑、日照斑、白斑症、文眉、文眼线、文身。

现在激光美容技术日益纯熟，已经成为所有爱美人士的福音，已经有很多人通过激光美容让自己变得更加年轻漂亮。

眼　镜

——给人们带来了光明

13 世纪中叶，英国著名学者培根看到许多人因为视力下降，看不清书上的文字，就想发明一种工具来帮助人们提高视力。为此，他想了很多方法，做了很多实验，但都没有取得成功。

一天雨过天晴后，培根独自来到花园散步，看到蜘蛛网上沾了不少水珠，他发现透过雨珠看树叶，叶脉被水珠放大了不少，连树叶上细细的毛都能看得见。看到这个现象，培根兴奋极了，立即跑回家中，四处寻找，终于找到了一颗玻璃球。但透过玻璃球看书上的文字，效果还是不理想。他又找来一块金刚石与锤子，将玻璃割出一块，拿着这块玻璃片靠近书一看，文字果然放大了。这次实验的成功令培根欣喜若狂。于是他又找来一块木片，挖出一个圆洞，将玻璃球片装上去，再安上一根手柄，便于使用，这样在阅读写字时就方便多了。

这种镜片后来经过人们不断改进，成了现在人们戴的各种眼镜。矫正视力的就有青少年使用的近视镜与老年人配戴的老花镜,还有其他各种用途的眼镜,人们学习、工作就更方便了。培根为人类的文明进步作出了巨大的贡献。

近视是眼睛看不清远处的物体、却能看清近处物体的症状。在屈光静止的前提下,远处的物体不能在视网膜会聚,而在视网膜之前形成焦点,因而造成视觉变形,导致远方的物体模糊不清。近视分屈光性近视和轴性近视两类。其中屈光近视最为严重。屈光近视一般可以达到600度以上,即高度近视。

近视镜的制作利用了凸透镜成像原理,从镜片的功能上讲,它具有调节进入眼睛之光量的作用,能够增加我们的视力,保护眼睛安全和临床治疗眼病的作用,对屈光异常引起的儿童斜视和伴有头疼的屈光异常患者,配戴合适的眼镜后均可达到一定的治疗效果。

眼镜最早出现于1289年的意大利佛罗伦萨,据说是一位名叫阿尔马托的光学家和一位生活在比萨市的意大利人斯皮纳共同发明的。

后来美国发明家本杰明·富兰克林,在1784年发明了远近视两用眼镜。1825年,英国天文学家乔治·艾利发明了能矫正散光的眼镜,解决了散光患者看不清东西的问题。

我国在明朝中期就出现了眼镜。明万历田艺蘅在《留青日札》卷二《叆叇》条云:“每看文章,目力昏倦,不辨细节,以此掩目,精神不散,笔画信明。中用绫绢联之,缚于脑后,人皆不识,举以问余。余曰:此叆叇也。”这时的“叆叇”即眼镜最初的叫法。

我国早期关于眼镜的图像及实物资料保存下来的并不多。中国历史博物馆藏明画《南都繁会景物图卷》(描绘明永乐年间南京城区民众生活场景)中有一老者就戴着眼镜。而清代赵翼称眼镜传入中国是在明朝的宣德年间。清嘉庆年间眼镜已经得到推广和普及,张子秋在《续都门竹枝词》云:“近视人人戴眼镜,铺中深浅制分明。更饶养目轻犹巧,争买皆由属后生。”清李光庭所著《乡言解颐》记载,我国古代眼镜根据子、丑、寅、卯的十二地支来划分深浅标度。

自 13 世纪人类发明镜片以来，一直用传统水晶玻璃磨制镜片，中国除了采用天然水晶外，并且使用人造水晶。后来发展到使用玻璃镜片。1937 年法国发明了一种叫亚克力的塑料眼镜片，虽不易破碎，但清晰达不到要求。1954 年法国依视路公司一位工程师从制作飞机座舱的材料中受到启发，从而发明了树脂镜片。自此以后，这种镜片便成为世界镜片王国的主流，一直沿用到今天。

随着社会技术的飞速发展，随着人们文化、生活水平的不断提高，视力保健工作的开展，眼镜在人们生活领域中将会发挥越来越重要的作用。

潜望镜

——潜水艇的眼睛

现代潜艇潜望镜是在 20 世纪初期发明的。1906 年，德国海军建成了世界上第一艘潜艇时，已使用了相当完善的光学潜望镜，由物镜、转像系统和目镜等组成。当时潜望镜的潜望力在 5～7 米，观察距离有限、视野狭窄、图像质量也不清晰，而且夜间无法使用。传统潜望镜的主要功能包括观察水面的舰船、对空观察飞机、估算被攻击目标的距离、将其方位和距离提供给火控系统、在潜没状态下实施地标导航或天文导航等。

现代的潜望镜已经有了突飞猛进的发展，目前较为先进的是具有微光夜视、红外热成像、激光测距、计算机、自动控制、隐身等光电技术的最新成果。新一代光电潜望镜，以 2003 年德国研制的 SERO400 型潜望镜为例：主要技术性能包括：俯仰范围－15 度～＋60 度，1.5 倍、6 倍和 12 倍三种放大倍率，高精度的瞄准线双轴稳定，潜望镜入瞳直径大于 21 毫米，潜望力约 12 米。另外它还能配置多种摄像机和传感器，如数码摄像机、微光电视摄像机、彩色电视摄像机、热像仪、人眼安全型激光测距仪等，供潜艇指挥员根据实战需要选用；还能把视频信号及时提供给作战系统监视器，实现同步观察。潜望镜系统的串行接口可供不同的作战系统控制台实现遥控操作。该潜望镜无论在昼光和夜间条件下都有相当好的观察效果，能有效监视海面和海空、收集导航数据、搜索和识别各种海上目标，观察到的图像可以录像保存。

美国海军最新研制的全景潜望镜也很受关注，它是早期全景潜望镜技术在现代技术条件下的重新使用。此外，国外对潜望镜的模块化设计相当重视并已广泛采用。不需要改动潜望镜的基本结构和功能，就可以方便地根据需要替换陈旧的传感器，提升潜望镜的性能。

现代光电潜望镜技术已经十分成熟。传统的穿透式潜望镜的固有弊端已十分明显：其一，最明显的缺陷是潜望镜必须穿透潜艇壳体，镜管直径越大，对潜艇耐压性的影响就越大；其二，潜望镜目镜头的转动直径一般为 6 米，在原本有限的艇内占据较大空间，对潜艇指挥舱的布置十分不利；其三，潜望镜只适合一人操作观察，无法实现多人同时察看，不利于作战信息资源的共享。尽管存在一些不足，但光电潜望镜在现在和将来依然是各国海军潜艇最普遍使用的成像观察装置。

现在美军正在抓紧研制虚拟潜望镜。虽然称之为"虚拟"潜望镜，但与计算机技术领域的"虚拟现实"完全不同，也不同于潜艇上的摄像机系统。虚拟潜望镜就是一种完全从水下潜没的潜艇平台上透过水面进行观察的光学传感器，包括潜艇水下摄像机、处理器和图像显示器。所谓"虚拟"，是指图像显示器能把摄像机看到的海面上部半球形视场内的不完整图像重现为一幅完整的图像。虚拟潜望镜与潜艇传感器系统构成一体，可减少潜艇指挥员使用常规潜望镜的次数，提高潜艇的隐身性。

虚拟潜望镜技术还能够在最大程度上减少潜艇与水面舰船碰撞的概率。潜艇上浮到潜望深度前，首先确认上浮区内没有行驶的船舶。从潜望深度到水下约 150 英尺的"过渡区"，是潜艇水下活动的不安全区。在这个尴尬的区域内，潜艇因为所处位置"太深"而看不见上方是否有正在航行的舰船，又因为距离航行舰船下方"太浅"而不能安全地通过。但是，这个过渡区可能包含了最佳水中搜索深度，也是最好的规避深度，是潜艇在浅水区安全活动的最理想深度区域。如果潜艇丧失了这个过渡区，其活动能力就会降低很多。如果潜艇采用虚拟潜望镜技术观察周围情况，就能在这个过渡区内安全地活动了。

虚拟潜望镜的光学原理与普通潜望镜有着根本的不同。普通潜望镜是在海上某个位置接收光线；虚拟潜望镜则是利用水下的一个或几个向上观察的摄像机，接收来自空间并穿透海面的光线。虚拟潜望镜项目运用对微弱折射光重构的成像技术，开发一个能探测水面目标的水下摄像机系统（包括软件系统）。虚拟潜望镜不只是一项特殊的成像技术，而且完全适合于潜艇特种作战部队的应用。

窥视太空的望远镜

望远镜是一种利用凹透镜和凸透镜观测遥远物体的光学仪器。利用通过透镜的光线折射或光线被凹面镜反射使之进入小孔并会聚成像，再经过一个具有放大作用的目镜而被看到，又称“千里镜”。望远镜的一个重要作用是放大远处物体的张角，使人眼能看清更小的细节。望远镜另一个作用是把物镜收集到的比瞳孔直径（最大 8 毫米）粗得多的光束，送入人眼，使观测者能看到原来看不到的暗弱物体。

1608 年，荷兰科学家汉斯·利伯希发明了第一部望远镜。

1609 年，意大利著名物理学家伽利略发明了 40 倍双镜望远镜，这是第一部投入科学应用的实用望远镜。多瓦大学的伽利略教授正专注于观察星空的事业。这一年，一颗新星正掠过欧洲南部的天空，奇妙的天文现象吸引了伽利略，他追踪观察这颗新星足足有半年，并为此作过一次有趣的学术报告。不过，仅凭肉眼的观察是远远不够的，伽利略需要一种能使人看得足够远的工具，满足他对天文学的喜好，帮助自己对星空作更详尽的观察。

正在这时，一个消息引起了伽利略的关注。1608 年，荷兰有位眼镜商人,偶然间把一片凸透镜放在眼前一定距离,就能够看到远处肉眼看不到的景象。他不理解这种奇怪的现象,但在有着渊博的科学知识的伽利略看来,如果能够把透镜的这种性能利用起来,人们就有了看到远处的工具,这种工具将会在实际运用和科学研究中发挥令人无法估量的作用。人类正处在一个巨大发现的门口,这个机会决不能放弃!

于是,伽利略放下手头的所有研究项目,到实验室磨起镜片来。他一边磨一边通过研究改进镜片的性能。

伽利略还把两个透镜装在一个圆形的铜管里,以排除其他光线的干扰。这样,世界上第一架实用的望远镜诞生了。用这架望远镜看远处,50 英里外的物体,就好像在 5 英里外的近处。

为了宣传望远镜的妙用,伽利略在威尼斯圣马克广场的钟楼上展出自己的发明,让议长和议员们通过望远镜眺望海港外的船只。过去无法看清的东西忽然近在眼前,这个奇妙的景象使得他们各个惊奇万分,都想拥有一件这样神奇的工具。于是,伽利略专门开辟了一个工作间,聘请了技工,造了一百多架这样的望远镜,分送给各国王公和有名的学者,望远镜很快在整个欧洲引起了轰动。

但是,伽利略制造望远镜的根本目的还是为了用它来观察天空,现有的望远镜性能还是远远不能满足这种需求。伽利略继续改进自己的望远镜,终于制造出一台可以用于天文观察的望远镜。这台当时最先进的望远镜的口径达到 5 厘米,筒长 120 厘米,可以把远处的物体扩大 32 倍,把原来的只有 3 倍放大率的简单仪器远远抛在了后面。

有了天文观察的仪器后,平日伽利略眼里熟悉的天空完全改变了它的模样。通过自制的望远镜,伽利略惊讶地发现,月亮上面过去令人费解的黑影居然是高山和深谷形成的。伽利略在太阳上面也看到了黑影。看来,教会的理论家们说天上的星星是上帝创造的完美无缺的作品,显然是一派胡言了。

望远镜在伽利略的面前打开了一个新的世界,他开始夜以继日地观察和研究天文现象。他发现，银河原来是由许多星星聚集而成的，这就驳倒了亚里士多德关于“地球的水汽”的说法。当时的欧洲人还没有发现其他行星周围的卫星，而伽利略通过望远镜，一下子发现了木星周围最大的四颗卫星，通过常年的观察，伽利略还发现它们是在绕着木星运转，从而证实了“所有星星都在围绕地球运转”这一观点的局限性。

伽利略连续观察金星三个月之后，发现了金星也有像月亮一样的盈亏现象，并非完全是圆形的状态。金星的光亮和月亮一样，是反射日光的结果，而不是自己发光。这样看来，金星在环绕太阳运行，而且它的轨道肯定在地球和太阳之间！这正是关于“日心说”正确的有利证据！而就在不久前，宣传哥白尼学说的布鲁诺被烧死在罗马百花广场，哥白尼的“日心说”被教会严厉禁止。在这个人心惶惶的时刻，伽利略用望远镜里观察到的一切证实了哥白尼的“日心说”是正确的，他选择了站在“日心说”一边，选择了坚持真理、宣传真理，这是怎样的勇气啊！

冒着和布鲁诺一样遭受迫害的危险，伽利略毅然出版了自己的第一部天文学著作《星际使者》，系统地介绍了自己在望远镜里观察到的天空，向当时封锁人们的头脑和心志、统治着科学界的教会勇敢地发出了挑战。

德国著名天文学家开普勒在他的《屈光学》里提出了另一种天文望远镜，这种望远镜由两个凸透镜构成，与伽利略的望远镜有所不同，它比伽利略望远镜视野更加宽阔。但开普勒没有制造出他所介绍的望远镜。一个名叫沙伊纳的科学家于 1613 年至 1617 年间首次制作出了这种望远镜，他还按照开普勒的建议制造了有第三个凸透镜的望远镜，把两个凸透镜做的望远镜的倒像变成了正像。沙伊纳做了八台望远镜，一台一台地观察太阳，无论哪一台都可以看到相同形状的太阳黑子。因此，他消除了不少人认为太阳黑子有可能是透镜上的尘埃引起的错觉，证明了黑子确实是观察到的真实存在。在观察太阳的时候沙伊纳装上特殊遮光玻璃，伽利略则没有加此保护装置，结果刺伤了眼睛，最后几近失明。荷兰的惠更斯为了减少折射望远镜的色差在 1665 年做了一台筒长近 6 米的望远镜，来探查土星的光环，后来又做了一台将近 41 米长的望远镜。

使用透镜作物镜的望远镜称为折射式望远镜，即使加长镜筒，精密加工透镜，也不能消除色差，牛顿曾经认为折射望远镜的色差是不可改变的，后来证明他的观点过于悲观了。1668 年英国物理学家牛顿发明了反射式望远镜，顺利地解决了色差的问题。第一台反射式望远镜非常小，望远镜内的反射镜口径只有 2.5 厘米，但是这台望远镜已经能清楚地看到木星的卫星、金星的盈亏等。1672 年，英国物理学家牛顿做了一台更大的反射望远镜，送给了英国皇家学会，至今还保存在皇家学会的图书馆里。1733 年，英国科学家哈尔制成第一台消色差折射望远镜。1758 年，伦敦的物理学家宝兰德也制成同样的望远镜，他采用了折射率不同的玻璃分别制造凸透镜和凹透镜，把各自形成的有色边缘相互抵消。但是要制造很大的透镜不容易，目前世界上最大的一台折射式望远镜直径为 102 厘米，现在安装在雅弟斯天文台。

1793 年，英国物理学家赫瑟尔，制作了一个更大的反射式望远镜，反射镜直径为 130 厘米，用铜锡合金制成，重达 1 吨。1845 年，英国物理学家帕森制造的反射望远镜，反射镜直径达到了惊人的 1.82 米。1917 年，胡克望远镜在美国加利福尼亚的威尔逊山天文台建成。这台望远镜的主反射镜口径为 100 英寸。正是使用这座望远镜，哈勃才发现了宇宙正在膨胀的惊人事实。1930 年，德国物理学家施密特将折射望远镜和反射望远镜的优点（折射望远镜像差小但有色差而且尺寸越大越昂贵，反射望远镜没有色差、造价低廉且反射镜可以造得很大，但存在像差）结合起来，制成了第一台真正意义上的折反射望远镜。

第二次世界大战后，反射式望远镜在天文观测中得到了广泛应用，发展很快。1950 年，在帕洛玛山上安装了一台直径 5.08 米的海尔反射式望远镜。1969 年，在前苏联高加索北部的帕斯土霍夫山上安装了直径达到 6 米的反射式望远镜。1990 年，NASA 将哈勃太空望远镜送入轨道，然而，由于镜面故障，直到1993年宇航员完成太空修复并更换了透镜后，哈勃望远镜才开始正常发挥作用。由于可以不受地球大气的干扰，哈勃望远镜观测到的图像清晰度是地球上同类望远镜拍下图像的10倍。1993年，美国在夏威夷莫纳克亚山上建成了口径达到10米的“凯克望远镜”，镜面由36块1.8米的反射镜拼合而成。2001年设在智利的欧洲南方天文台研制完成了“超大望远镜”，它由4架口径8米的望远镜组成，其聚光能力与一架16米的反射望远镜差不多。现在，一批正在筹建中的望远镜又开始对莫纳克亚山上的白色巨人兄弟发起了冲击。这些新的竞争参与者包括30米口径的“加利福尼亚极大望远镜”、20米口径的大麦哲伦望远镜、100米口径的绝大望远镜。它们的倡议者指出，这些新的望远镜不仅可以提供像质远胜于哈勃望远镜照片的远太空图片，而且能收集到更多的光，对100亿年前星系形成时初态恒星和宇宙气体的情况有更多的了解，并能看清楚遥远恒星周围的行星。

见微知著的显微镜

在我们的生活中，存在着人类肉眼看不到的微观世界，在这个神秘的世界里，存在着各种各样的微粒、细胞、菌类，正是这些我们肉眼看不到的东西构成了这个丰富的大千世界，要想对微观的世界进行研究，就离不开显微镜了。

显微镜的发明者其实是一个很普通的人。1680年的一天，一个在荷兰代尔夫特的市政厅做了几十年门卫工作的老头子，却被当时欧洲乃至整个世界科技界颇具权威的英国皇家学会吸纳为正式会员，要知道在这个皇家学会里都是一些非常知名的科学家。接着，英国女王亲笔给他写了一封祝贺信。在很短的时间内，他从一个极其普通、极其平凡的门卫突然变成了震惊世界的科学名人。那么他取得了什么成绩才得到如此巨大的荣誉呢？原来他的主要成绩，就是经过自己几十年坚韧不拔的努力和探索，发明了世界科学史上第一架帮助人类认识自然、探索自然、打开微观世界大门的显微镜。这个令世界震惊的小人物就是1632年出生于荷兰代尔夫特一个普通工人家庭，而后成为荷兰著名微生物学家的列文虎克。

年轻时的列文虎克由于父亲过早地离开他，妈妈无力负担他上学的学费，在他16岁的时候，就一个人来到首都阿姆斯特丹的一个杂货铺里当了学徒工。虽然天天早起晚睡，干着脏活累活，然而，他却并没有抱怨什么，因为来到这里虽然时间不长，他却有幸结识了杂货铺对面一位和善的老大爷。老人博学多识，家中藏书丰富，他给年轻的列文虎克讲了许许多多充满神奇色彩的新鲜而有趣的故事，这使列文虎克懂得了想要知道的关于大自然奥秘的许多东西。于是，他一有空暇就向老人求教，在老人那里借阅图书，老人也非常喜欢这个爱读书、爱提问的好孩子。

有一天深夜，他正在努力读书时，被隔壁眼镜店作坊的工匠磨制镜片的沙沙声吸引住了。他放下手中的书本，一个人悄悄来到眼镜作坊。他望着工匠们磨出的一块块镜片，脑际突然浮现出一个奇怪的念头：如果能磨出一块特殊的镜片，是否会让我们能看清许多用肉眼看不清或看不到的东西呢！就是这样一个灵感似的奇想，竟从此使他下定了磨制一块"有如此功能魔镜"的决心。从此以后，列文虎克拜一位老工匠为师，虚心求教。

有一天老师傅给列文虎克讲了这样一件事：老师傅的孙子有一天偶然将两块磨制好的透镜叠在一起放在一张废纸上看上面的字，只见这些字比原来的大很多很多，老师傅马上拿过这两块镜片放在孙子头上看头发，突然发现头发像铁丝一样粗。老师傅不经意讲的这件事引起了列文虎克的极大兴趣，他发誓一定要磨制出比眼镜片更精致、用途更广泛的镜片。为了实现这个目标，他的手磨破了，腿跪麻了，有时候，手指上的鲜血顺着磨破的伤口流淌，浸湿了镜片。有时，他磨至深夜也毫无倦意，实在累了，就蜷缩在屋角和衣而卧。功夫不负有心人，他辛勤的劳动最后结出了丰收的果实，他终于磨成了两块光亮精巧的透镜。他将镜片叠起来看鸡毛，只见鸡毛上被放大了的绒毛像树枝一样排列着。接着，他试着将重叠在一起的两块镜片间的距离上下变化，只见镜片间距离的变化直接影响着观察的效果。

那么，如何将这两块镜片各自固定起来，同时又能自由地上下调节镜片之间的距离呢？一个新的难题，又摆在了他的面前：为了解决新的难题，列文虎克一连几天苦苦地思索着：一天，他在干完杂货铺的工作后来到大街上，边走边思索。忽然间，他被一阵丁丁冬冬的响声所吸引，发现是铁匠师傅在打铁。于是他走进铁铺里，看到了铁匠们打制出的一件件铁器。这时，他忽而受到启发，如果能让铁匠打制一个铁架和一个铁筒，将镜片固定在镜筒的两头，然后再固定在铁架上，这样观察不是既省力又方便吗？想法既出，马上他就找了铁匠师傅，将自己的想法告诉他们。

几天后，列文虎克按照自己的构想所发明的第一架显微镜终于诞生了。正当他带着胜利的喜悦准备磨制更精密的显微镜的时候，他却被杂货铺的老板以不务正业之名开除了。为了谋生，他只好辗转回到了他的故乡代尔夫特，好不容易经人介绍在市政厅的门房找到了一个当门卫的工作。他一边看门，一边继续着他对显微镜的研制、改造工作。几年之后，他终于又研制出多台更精致、完美的显微镜。同时，他运用自制的显微镜，第一次发现了血液里的血液细胞和生物王国中神奇多彩的微生物世界。于是，他将自己研制的显微镜和所发现的关于血液细胞和微生物的观察实验记载下来，寄给了英国皇家学会。

他的这一成果终于被世界承认了。从此，这一关系着人类生命与生活的重要学问——微生物学的研究开始步入了突飞猛进发展的新世纪。

现代科技的神经

——光导纤维

现代科学创造的奇迹之一，是使光像电流一样沿着导线传输。不过，这种导线不是一般的金属导线，而是一种特殊的玻璃丝，人们称它为光导纤维，又叫光学纤维，简称光纤。

1870 年，英国科学家丁达尔做了一个有趣的实验：让一股水流从玻璃容器的侧壁细口自由流出，以一束细光束沿水平方向从开口处的正对面射入水中。丁达尔发现，细光束不是穿出这股水流射向空气，而是顺从地沿着水流弯弯曲曲地传播。这是光的全反射造成的结果。

光导纤维正是根据这一原理制造的。它的基本原料是廉价的石英玻璃，科学家将它们拉成直径只有几微米到几十微米的丝，然后再包上一层折射率比它小的材料。只要入射角满足一定的条件，光束就可以在这样制成的光导纤维中弯弯曲曲地从一端传到另一端，而不会在中途漏射。科学家将光导纤维的这一特性首先用于光通信。一根光导纤维只能传送一个很小的光点，如果把数以万计的光导纤维整齐地排成一束，并使每根光导纤维在两端的位置上一一对应，就可做成光缆。用光缆代替电缆通信具有无比的优越性。比如 20 根光纤组成的像铅笔粗细的光缆，每天可通话 7.6 万人次，而 1800 根铜线组成的像碗口粗细的电缆，每天只能通话几千人次。光导纤维不仅重量轻、成本低、铺设方便，而且容量大、抗干扰、稳定可靠、保密性强。因此光缆正在取代铜线电缆，广泛地应用于通信、电视、广播、交通、军事、医疗等许多领域，难怪人们称誉光导纤维为信息时代的神经。我国自行研制、生产、建设的世界最长的京汉广（北京、武汉、广州）通信光缆，全长 3047 千米，已于 1993 年 10 月 15 日开通，标志我国已进入全面应用光通信的时代。

人工降雨

——“呼风唤雨”不再是梦

人工造雨就是给云层播种。人类从1890年到1924年就开始致力于此,最后都是以失败告终。直到1946年美国科学家森特·谢弗尔偶然发明了人工降雨。

第二次世界大战期间,大量的飞机被运用在战场上。当飞机进入高空遇到冷空气时,机翼上常常会出现结冰现象。于是美国纽约通用公司聘请著名科学家欧文·兰米尔博士和森特·谢弗尔来到大雪纷飞的新罕布什尔山区做实验来解决这一问题。在那里,他们惊奇地发现,周围云层的温度即使低于冰点,云中的水分也不会结冰,更不会形成雨或雪。这个现象引起了谢弗尔浓厚的兴趣。他对兰米尔博士说:“兰米尔先生,如果我们弄清楚雨雪形成的原因和条件,那么不就可以进行人工造雨了吗?”博士很感兴趣地说:“不错。但到现在为止,人类还不明白雨雪形成的真正原因。最近有一种新观点,认为水滴是凝聚在灰尘或其他物质的细小颗粒周围的,因为没有这细小的内核,水滴就无法形成。”通过交谈,谢弗尔了解到,这种观点还没有得到实验证实,于是他决心把雨雪形成的原因弄清楚。

直到二战结束后,谢弗尔用一部类似云中冷却气体的机器进行了实验。通过往里面投入各种诸如粉尘、泥土、盐、糖等物质,期望能看到水滴的形成。然而各种各样可想到的材料都未得到预期的效果。

一个炎热的夏日,谢弗尔坚持不懈地做实验。午饭时间他和平时一样,敞着冷冻机的盖子就离开了。冷空气下沉就不会从冷箱中逃逸。午饭过后,谢弗尔又回到制冷器前。他一下子惊呆了:“咦,温度怎么上升了?”原来,冷冻机盖子没有盖上,受到周围热空气的影响,冷冻箱的温度也上升了。为了迅速降低温度,他向制冷器内投入了一些干冰,而同时谢弗尔正好向制冷器内哈了一口气。就在这时，奇迹出现了：在哈气中，制冷器内一些细小的碎片在闪烁。这不正是令他望眼欲穿的冰晶体吗？受到了启示，他不停地向制冷器内哈气并投入大量的干冰，只见冰的晶体变成了纷纷的雪花飘扬起来。

当谢弗尔激动地把结果告诉兰米尔，博士提议到空中去播撒雪花。但是只有在寒冷的冬天，大气的温度才适宜做实验，所以他们热切地期盼着冬天的到来。11 月是个寒冷的季节。一天，天上飘着云彩却没有雪花。谢弗尔就是在这种情况下，驾着飞机往云层上方撒下大量的干冰。而在地面密切注视天空的兰米尔惊呆了，他看见无数的雪花如同天女散花一般在飞扬。

就这样，谢弗尔发明了干冰人工造雨方法。人们兴奋地把这一创举称为“给云层播种”。

后来，美国工人伯纳德·冯纳格特又进一步研究了用高纯碘化银人工降雨的方法，使人工降雨变得更加简单、廉价。

空　调

在炎热的夏天，人们享受着空调带给我们的丝丝清凉。大家也许很好奇，外面温度那么高，这个小小的空调是怎么把热空气变化成凉空气的呢？

被称为“制冷之父”的美国著名科学家威利斯·开利在 1902 年设计并安装了世界上第一部空调系统。这个世界上第一台空调制冷系统设计的初衷并不是服务于我们人类的，美国纽约的一个印刷商发现温度的变化会造成纸的变形，从而导致有色墨水失调，影响到画面的质量，不利于销售，该空调系统就是为它设计的。1906 年，开利注册了该项专利。

1902 年 7 月 17 日，开利从康奈尔大学毕业。和许多刚毕业的年轻人不同的是，开利是个爱动脑子、爱思考的人，因此在工作中他常常会有许多看似奇怪的想法，他毕业后的第一份工作是在一个名字叫“水牛公司”的地方做技术工，在这个公司工作的时候他发明了冷气机。但最初发明冷气机的目的，并不是为人们带来舒适的生活环境，只是在若干年后，他的这个方面的发明给我们的生活带来了极大的便利。

那时候开利所在公司的其中一个客户——纽约市沙克特威廉印刷厂，它的印刷机由于空气的温度及湿度变化，使纸张扩张及收缩不定，容易引起纸张的变形，油墨对位不准，无法生产清晰的彩色印刷品，影响到了他们产品的质量。于是求助于水牛公司，希望他们能够生产一种设备来满足他们调节温度和湿度的需要。开利心想既然可以利用空气通过充满蒸汽的线圈来保暖，何不利用空气经过充满冷水的线圈来降温？空气中的水会凝结于线圈上，如此一来，工厂里的空气将会既凉爽又干燥，有了这个想法之后，开利做了大量实验，经过长时间的摸索，他终于成功地研制出了世界上第一台空调系统。

空调的时代就由这印刷厂首次使用冷气机而开始。很快，其他行业如纺织业、化工业、制药业、食品甚至军火业等，都开始利用空调系统来调节车间的温度和湿度，以提高生产效率和产品质量。他们因空调的引进而使产品质量大大提高，并从中获得了高额的利润。

1907 年，第一台出口的空调，买家是日本的一家丝绸厂。

1915 年，全球对于空调的需要进一步增加，市场进一步扩大，于是开利成立了一家公司，专门生产他自己发明的空调系统，至今它仍是世界最大的空调公司之一。但空调发明后的 20 年，享受的一直都是机器，而不是人。直到 1924 年，底特律的一家商场，常因天气闷热而有不少人晕倒，商场首先安装了三台中央空调，此举非常成功。凉爽的环境使得人们的消费欲大增，自此，空调成为商家吸引顾客的有力工具，空调为人们服务的时代正式来临了。

说到空调可以普及，这个功劳要归结于电影院的一次尝试。大多数美国人是在电影院第一次接触到空调的。20 世纪 20 年代的电影院利用空调技术，承诺能为观众提供凉爽的空气，使空调变得和电影本身一样吸引人，而夏季也取代了冬季成为看电影的高峰季节。随后出现了大量全年开放的室内娱乐场所，如赌场、室内运动场和商场，这些都得归功于空调的出现。

了解了空调的发明和普及过程，下面咱们来了解一下空调的工作原理，空调分为单冷空调和冷暖两用空调，工作原理是一样的，空调一般使用的制冷剂是氟利昂。氟利昂的特性是：由气态变为液态时，释放大量的热；而由液态转变为气态时，会吸收大量的热量。空调就是据此原理而设计的。

压缩机将气态的制冷剂压缩为高温高压的液态制冷剂，然后送到冷凝器散热后成为常温高压的液态制冷剂，所以室外机吹出来的是热风。

然后到毛细管，进入蒸发器，由于制冷剂从毛细管到达蒸发器后空间突然增大，压力减小，液态的制冷剂就会汽化，变成气态低温的制冷剂，从而吸收大量的热量，蒸发器就会变冷，室内机的风扇将室内的空气从蒸发器中吹过，所以室内机吹出来的就是冷风；空气中的水蒸气遇到冷的蒸发器后就会凝结成水滴，顺着水管流出去，这就是空调会出水的原因。

安全灯

有一天，科学家戴维（1778～1829）和他的助手法拉第（1791～1867）在做实验时，偶然将一小片金属网通过火焰。这时，上半截火焰竟然没有了，只有下半截平头的火焰依旧燃烧；把金属网拿走以后，火焰又恢复成完整的样子。

这个稍纵即逝的偶然现象，对于一个普通人来说，很难引起注意，但他们两人不约而同地及时捕捉到了，并一再重复观察，深入思考。他们为解决矿井内灯的安全问题已苦苦探索三年了。

那是1812年，英国一个矿井发生大爆炸，死了92名矿工。当地的牧师霍奇森来找戴维请求帮助。这位牧师坚信只有科学才能预防煤矿事故,只有科学才能避免这样的惨案发生。

戴维非常关心爆炸问题的研究,他在牧师的陪同下,亲自到矿井中去了解爆炸的情况。

在长长的黑暗巷道里,工人们摸黑挖掘、运输、排水,仔细看去,只有极微弱的光在闪动,原来那是玻璃瓶中的萤火虫,或是贴在木板上的一排排鱼鳞在反光。

"你们为什么不点油灯或者蜡烛呢?"戴维问道。

"有一点火星就可能引起空气爆炸啊!"矿工们说。

矿井急需安全灯!戴维和法拉第通过实验首先弄清了矿井中瓦斯气的成分,进而研究做个什么样的灯才不会引起瓦斯爆炸。

"为什么上半部的火焰没有了呢?"法拉第望着放在火焰上的金属网问道。

"让我想想……"戴维说,"金属的导热性能很好,火焰到达金属网时,它的热量被很快传走了,网上的温度大大降低。降到燃点以下时,尽管网的上面存在可燃气体,也不能燃烧,所以就没有火焰了。"

法拉第很佩服老师的智慧,回味着刚才他阐述的道理。

"对!"戴维眼睛一亮,兴奋地说道,"把火焰限制在一个小的空间里,没有火花到外面来,瓦斯就不会爆炸了!"

"哦,安全灯,有了……"法拉第悟性很高。

很快,他们研制出一种罩有金属网的灯。戴维把它送到牧师手中。

"这是安全灯。"戴维说,"不过,它还没在矿井中用过,需要找一位志愿者提着安全灯到矿井中去……"

"我去!"牧师坚定地表示。

"你……你知道,一旦失败,后果是不堪设想的!"

"正因为如此,我才决定到地狱中走一趟!"

牧师提着点燃的安全灯，一步一步向矿井深处走去……事实终于证明：安全灯诞生了！这是发生在1815年的事情。

这种安全灯在遇到瓦斯时，火焰会变大，这更有利于矿工及时离开危险区。矿工们高兴地称这种灯为“戴维灯”。

“它为什么是安全的呢？”牧师曾问戴维。

戴维做了解释：安全灯像普通煤油灯一样，只是在火焰周围多了一个金属网罩。这个罩不影响新鲜空气进来补充，也不影响燃烧后废气的排走，所以能保证继续燃烧。但它又可以把火焰产生的热量迅速传导出去，保证了罩外面的温度低于可燃气（瓦斯）的燃点，不会出现火花。即使周围充满可燃气体，也只能进入灯内燃烧，而不会在灯外燃烧起来。

听诊器的故事

勒内克一家人生活在法国的一座小城里。

勒内克是当地有名的医生，有一家自己的诊所。有一天，发生了一件让他非常尴尬的事，直到走在回家的路上，他还在为这件事困扰不已。事情是这样的：快下班的时候，一位贵族小姐胆怯地进了诊所大门，坐在勒内克桌边。其实勒内克早就发现她在诊所外面徘徊，猜想她可能是不好意思，勒内克只是耐心等待她下定决心。此刻，勒内克仔细观察病人，发现她脸色苍白，嘴唇发紫，有些气喘吁吁的样子。凭借多年的临床经验，很快他便做出了初步的诊断，不过，为了准确判断病人是否是心脏病，还需要进一步检查。这时，别的病人都已经离开了。勒内克站起身来，把临街窗帘拉上，又关上了诊所的门，然后对贵族小姐和蔼地说：“小姐，请您把您的外套和胸衣解开。”在当时，医生只有把耳朵贴在病人胸前，才能听清病人心脏的真实情况，判断病人的病情。可是，那位小姐却一动不动。勒内克不解地看向她，惊讶地发现她呼吸更加急促，苍白的脸颊涌上了一抹红晕。突然，她两眼含满泪水，冲出了诊所！这一举动使勒内克尴尬地站了好久。

“哈哈哈……”一阵银铃般悦耳的笑声突然打断了他的思路，是他的女儿。勒内克医生转而向笑声发出的地方走去。此时，小女孩正跪在草地上，把头枕在一跟长长的木料上，兴奋地数着：“两声，五声，这下是七声，对不对？”“对啦！真神奇。”女儿边笑着边抬头，刚好看到了从远处走来的爸爸，便向他招手说：“爸爸，快过来，这木头里有个小精灵，他会告诉你法兰西斯敲了几下木头。”勒内克像孩子一样参加到了游戏中。他把耳朵贴紧那块木料，果然听到木头那端传来了响亮的咚咚声。真奇怪，敲木料的声音并不重，怎么会传过来那么大的声音呢？勒内克习惯地思索起来，想着想着，上午发生的事突然浮上心头。“我一定要发明一种仪器帮助我解决这个困难，既能诊断病情，又可以避免尴尬。”勒内克暗暗下了决心。

此时此刻，眼前的这个游戏给了勒内克极大的启示。经过一番冥思苦想，他意识到微小的声音在木头里是直线传播的，而不是像在空气中那样四散传开，这样木料那边的敲击声才会清清楚楚地传进自己的耳中。那么，按这种做法，是不是就可以制作出能传导心跳声音的仪器呢？如果可以，不就能避免那样的尴尬情形了吗？很快，勒内克便设计出了“听诊器”，他带着它亲自去为那位小姐诊治。他将仪器的一端抵住小姐的心脏部位，另一端贴在自己的耳朵上，准确地判断出小姐有先天性心脏病，接着为她配置了稳定心跳的生物碱，并指导她如何保养自己的心脏。

勒内克医生有着敏锐的头脑、丰富的经验，小城里的每一条街上都可以找到曾经被他救治的病人，他也因此受到了众人的赞扬和爱戴。后来，这一发明广泛流传，后人不断加以改进，把木棍变成空心金属管，成为今天常见的听诊器。

蝙蝠的启示

——超声波

超声波的发现者是意大利一位著名科学家，他叫斯帕拉捷。最初引起他对超声波注意的人竟是他的女儿。

斯帕拉捷的小女儿聪明好学，常常缠着爸爸给她讲故事。一天，斯帕拉捷给女儿讲麻雀和蝙蝠比赛捉虫子的故事："有一天，麻雀和蝙蝠想比一比谁更会捉虫子。比赛一开始，麻雀就四处寻找食物，可是，蝙蝠却一声不响地躺在阴暗的地方憩息。"女儿忍不住问："蝙蝠为什么不去找虫子呀？它不是要和麻雀比赛吗？不去捉虫子，它不是输定了吗？"斯帕拉捷说："是呀，不过它当然没有忘记比赛。到了晚上，麻雀得意扬扬地回来了，它看着巢里一大堆食物，心想自己准赢定了。于是，美美地进入了甜蜜的梦乡。这时候，蝙蝠出动了，它整整忙乎了一个通宵。到了第二天清晨，麻雀醒来，发现蝙蝠捉的虫子比自己捉的多得多呢！"斯帕拉捷说到这里，女儿突然问道："爸爸，蝙蝠为什么要在晚上捉虫子呀？它怎么看得见呢？"

女儿提出的问题，使斯帕拉捷愣了一下，是啊，蝙蝠在夜里怎么能看得见呢？这一问题引起了他的思考，迄今为止，还没有人注意这个现象，更没有人对此做出科学合理的解释。斯帕拉捷想了想，便对女儿说："也许蝙蝠有一种特殊的功能吧。""它有什么特殊功能呢？"女儿追问，这可把斯帕拉捷给问倒了。是呀，它有什么特殊功能呢？他也不知道。于是，斯帕拉捷决定弄清楚这个问题。

为了发现蝙蝠究竟具有什么特殊功能，炎炎夏日中，斯帕拉捷捉了好几只蝙蝠，用黑布蒙住它们的眼睛。晚上他把这几只蝙蝠放了，只见它们抖动着双翅，依旧自由自在地飞翔。他觉得奇怪，看来，蝙蝠夜里飞行跟它的眼睛没有太大的关系。那么，也许是蝙蝠的鼻子在起作用吧？

于是，他又抓了几只蝙蝠，塞住它们的鼻子，再放出去，结果发现这仍然没有影响它们的飞行。“爸爸，你为什么把蝙蝠捉了又放？”小女儿好奇极了。斯帕拉捷说：“小宝贝，这是为了找到能让它们夜间飞行的特殊功能。”之后，他又尝试了翅膀等其他部位，可是蝙蝠仍然飞得自由自在。现在就剩下耳朵了。可是耳朵怎么会跟夜间飞行有关系呢？斯帕拉捷抱着最后希望地塞住了蝙蝠的耳朵，然后又把它们放飞。奇怪的事发生了，这次放飞的蝙蝠东碰西撞，无法辨认方向，也无法辨认周围的障碍物，很快就跌落下来。这是斯帕拉捷没想到的。这样，斯帕拉捷终于弄清楚了：原来，蝙蝠是靠听觉来确定方向、捕捉目标的。

但是，他并没有发现为什么蝙蝠的耳朵能够辨别方向。后来，在斯帕拉捷研究的基础上，人们发现：原来蝙蝠的喉头会发出一种高频率声波，通常人们的耳朵所能听到的声波的振动频率是每秒钟 20～20000 次之间，然而这种声波振动超过了每秒钟 20000 次，超出了人的听觉范围，所以叫“超声波”。

超声波的发现为科学的发展提供了广阔的天地，在现代科技中，它被广泛应用于航海、航空、工业和医学等领域，成为测量、勘探的重要工具，它增强了人类征服自然的能力，充分证明了人的创造性思维将会带来怎样巨大的财富！

共振作祟

——大桥崩塌、军舰倾覆

坚固的大桥在瞬间崩塌，巨大的舰船无故倾覆，只因一种物理现象在作怪，它就是我们在中学物理课中学习到的共振现象。

1. 共振现象导致人马坠河

1831 年，一支高歌凯旋的骑兵队雄赳赳、气昂昂地通过英国曼彻斯特附近的一座吊桥。洪亮而有节奏的“嗒、嗒、嗒”的马蹄声充分展示了队伍的雄风。然而，不幸的事情发生了。随着一声巨响，大桥莫名其妙地倒塌了。人马纷纷坠入河中，死伤惨重。

无独有偶，在1906年，俄国首都彼得格勒有一支全副武装的沙皇军队，步伐整齐、不可一世地通过爱纪华特大桥。这座大桥十分坚固，纵然跑过千军万马也难以撼动。可是正在指挥官扬扬得意的时候，突然间桥身剧烈振动起来。然后伴随着一声巨大的断裂声，大桥崩塌了。顿时，军官、士兵、辎重、马匹纷纷落水，马嘶人叫，狼狈不堪。

以上两宗事件之后，人们都对事故的原因进行了调查，然而，既没有敌人破坏，也不是桥的质量不好。那么，究竟是什么原因造成了上述悲剧的发生呢？最后，人们通过研究发现，肇事者就是受害者自己！这些事故是“共振”这一物理现象的结果。引起共振的根本原因是齐步行进。

什么是共振？打个粗浅的比方来说：一个人坐在秋千上不动，另一个人一下一下地推动秋千，假设每当秋千荡去的时候就推一下，如此合拍地推下去，秋千就会越荡越高。用严格的物理语言来说，振动体在周期性变化的外力作用下，当外力的频率与振动体固有频率很接近或者相等时，振动的幅度就急剧增大。这种现象叫作共振。上面所提到的那些军人的步伐非常整齐，而且频率恰好接近于所通过的大桥作自由振动时的固有频率，激起了桥梁的共振，结果造成了大事故。有了这些血的教训，后来世界各地都先后规定，凡是大队人马过桥时，必须碎步走，极力避免这种破坏性的共振现象重演。

2.共振现象会导致军舰倾覆

舰船航行的时候，也会受到周期性的波浪的冲击而左右摇摆。如果波浪冲击恰巧跟舰船摇摆的固有频率相同，就会发生共振，导致船体剧烈摆动，甚至可能使舰船倾覆。这时可以改变舰船的航向和速率，使波浪冲击的频率远离舰船的固有频率。机器在工作中由于零部件的运动（如活塞的运动和轴的转动）也会产生周期性的驱动力。如果驱动力的频率接近机器本身或支持物的固有频率,就会发生共振,使机器或支持物受到损坏。为了避免这种情况的发生,要采取特殊的措施,如控制机器的转速,使驱动力不与机器的固有频率一致。

3.共振现象在《庄子》中早有记述

在我国古代典籍中,关于共振现象有大量的记述,并把这种现象解释为"同声相应"。这个解释与现代的科学定义几乎完全相同。因为凡是共振的两个物体,它们的固有频率或者相同,或者成简单的整数比,如1/1、1/2、2/3。

最早记述共振现象的是《庄子》一书。此书在描述瑟的各弦间发生的共振现象时写道:"为之调瑟,废于一堂,废于一室。鼓宫宫动,鼓角角动,音律同矣。夫改调一弦,于五音无当也,鼓之,二十五弦皆动。"

这里说的瑟有25根弦。宫、商、角、徵、羽是古代人使用的乐音音名。当在高堂明室中放上一具瑟,人们发现:弹动某一弦的宫音,别的宫音弦也动;弹动某一弦的角音,别的角音弦也动。这是由于它们的音相同。如果改调一弦,使它发出的音和五音中的任何一音都不相同;再弹这根弦时,瑟上的25根弦都会动。因为这条弦虽然弹不出一个准确乐音,但它的许多泛音中总有那么几个音和瑟的25根弦的音相当或成简单的比例。这就是调一弦能使瑟的25根弦都共振的道理。

4.巧妙利用共振原理为人类服务

共振这一物理现象并不是总给人类带来危害,在很多情况下,人们可以巧妙地利用它来为人类服务。例如,人们把许多不同长度的钢片装在同一个支架上,制成测量发动机转速的转速计。使转速计与开动着的机器紧密接触,发动机的转动就引起转速计轻微振动。这时,转速计中只有固有频率与发动机的转数一致的那个钢片才会有显著的振幅。从支架上的刻度线上读出这条钢片的固有频率,就可以知道机器每分钟转动的次数。共振筛也是利用共振规律制成的机械。把筛子用4根弹簧支撑起来，并在筛架上安装一个偏心轮，偏心轮轴上另装有皮带轮，与动力相连，就做成了共振筛。偏心轮在皮带轮的带动下发生转动时，筛子就受到一个周期性的驱动力，作受迫振动。适当调整偏心轮的转速，使驱动力的频率接近共振筛的固有频率，筛子就发生共振，达到较大振幅，提高了筛除杂物的效率。

指南针

——为航海指明方向

中国是对磁现象认识最早的国家之一，在很多年前人们已经发现了天然磁石，了解了天然磁石的性质，并且把天然磁石应用到了具体的生活中。公元前 4 世纪左右成书的《管子》中就有“上有磁石者，其下有铜金”的记载、这是关于磁石的最早记载，其实这句话给我们传递了一个信息，凡是有磁石的地方，大多都有铜矿和金矿，在当时科学技术还不发达的前提下，对于矿产资源的寻找是有极大帮助的。类似的记载，在其后的《吕氏春秋》中我们也可以看到：“慈石召铁，或引之也。”这句话说明了磁石具有吸铁的性质。东汉高诱在《吕氏春秋注》中谈道：“石，铁之母也。以有慈石，故能引其子。石之不慈者，亦不能引也。”高诱的话则是说明了磁石和普通石头的区别，磁石能吸引与其类似的物质，普通石头则不能。

我国古代的一些典籍中还记载了一些磁石吸铁和同性相斥的应用事例。比如《史记·封禅书》说汉武帝命方士栾用磁石做成的棋子“自相触击”，这里的自相触击就是利用了磁石之间同性相斥，异性相吸的原理；而西汉刘安的《淮南万毕术》还有“取鸡血与针磨捣之，以和磁石，用涂棋头，曝干之，置局上则相拒不休”的详细记载。南北朝郦道元的《水经注》《三辅黄图》都有秦始皇用磁石建造阿房宫北阙门，“有隐甲怀刃入门”者就会被查出的记载。说明古代人很早就开始利用磁石对带入宫殿的铁质武器进行检测，这和今天的安检系统有异曲同工之妙，是一件很了不起的创举。《晋书·马隆传》的故事可供参考：相传3世纪时，智勇双全的马隆在一次战役中，命士兵将大批磁石堆垒在一条狭窄的小路上。身穿铁甲的敌军个个都被磁石吸住，而马隆的兵将身穿犀甲，行动如常。敌军以为马隆的兵是神兵，故而大败。在这里我国古代的用兵者巧妙地利用了磁石的性质取得了战争的胜利。

2000多年前，我们的祖先就发现了磁铁，并且知道它能吸铁。所以磁铁又叫“吸铁石”，还有人把它叫作“慈石”，因为它像一个慈祥的母亲吸引自己的孩子一样，一碰到铁就把它吸住。

到了战国时代，人们发明了一种叫作“司南”的磁铁指南仪器。这是世界上最早出现的指南针。“司”的意思是掌管，司南也就是专门掌管指示南方的仪器。据后人考证，司南的样子像一把汤匙，有一根长柄和光滑的圆底，长柄是指示方向的，圆底是重心所在。它被放在一个特别光滑的“地盘”上，只要把柄轻轻一转，静止下来后，长柄所指的方向便是南方。由于它在使用时必须配有地盘，所以也有人把它叫作“罗盘针”。

到了北宋后期(公元11世纪)，人们发现钢铁在磁石上磨过之后也会带上磁性，而且比较稳固，于是，就出现了人造磁铁。这时，又有人用一块薄薄的磁化钢片制成了“指南鱼”。指南鱼的形状像一条鱼，鱼头是南极，鱼尾是北极，鱼的肚皮部分凹下去一些，使它像小船一样，可以浮在水面上。让浮在水面上的指南鱼自由转动，等到静止时，鱼头总是指着南方。指南鱼比起司南来，携带和使用都方便多了，它把测向的仪器水平又向前推进了一大步。

不久，人们又把钢针放在磁铁上磨，使钢针变成了磁针，就是沿用到现在的指南针。北宋著名科学家沈括在他的著作《梦溪笔谈》中记述了当时指南针的四种装置方式：一是“水浮法”，将磁针横贯灯芯草，让它浮在水面上；二为“指甲旋定法”，把磁针放在光滑的手指甲面上，使它轻轻转动，静止后指南；三是“碗唇旋定法”，把磁针放在光滑的碗口边上；四为“缕悬法”，在磁针中部涂一些蜡，粘上一根细丝线，把细丝线挂在没有风的地方。这是世界上关于指南针使用方法的最早记载。

南宋时，陈元靓在《事林广记》中记述了将指南龟支在钉尖上。由水浮改为支撑，对于指南仪器，这是在结构上的一次较大改进，为将指南针用于航海提供了方便条件。

关于指南针用于航海的记录.最早出现在宋代朱彧所著的《萍洲可谈》:“舟师识地理，夜则观星，昼则观日，阴晦则观指南针。”意思是说行船的师傅懂得地理之学，在海中行船的时候，夜间靠观察星星辨别方向，白天则根据太阳来进行判断，在阴雨天气则利用指南针来指示方向。以后，关于指南针的记载就更多了。到了明代，我国著名航海家郑和多次出使西洋，并作出了远洋航行到非洲东海岸之壮举。

指南针出现后，在人迹罕至的深山密林里，在漫无边际的沙漠荒野中，或者遨游在波涛万顷的汪洋上，人们都可以利用它辨别方向，不致迷失。其中受益最多的当属航海事业。指南针弥补了原有测向技术的缺陷，使人们在大海上航行时不再迷失航向，避免了大量的海难事故，开创了人类航海活动的新纪元。中国宋元时期繁盛的海外交通事业和明初郑和七次下西洋的航海壮举，皆得益于指南针之助。指南针传入欧洲后，更促成了欧洲近代大航海时代的到来。指南针在航海中的应用，是“航海技艺方面的巨大改革”，把“原始航海时代推进到终点”，“预示了计量航海时代的来临”。

电与磁的关系

麦克斯韦是继法拉第之后集电磁学大成的伟大科学家。他建立了完整的电磁场理论体系，科学地预言了电磁波的存在，他所提出的麦克斯韦方程组被爱因斯坦赞誉为“牛顿时代以来物理学上一个最重要的事件”。

麦克斯韦方程组是麦克斯韦描述电场与磁场的四个基本方程，是经典电磁学的基本方程。在麦克斯韦方程组中，电场和磁场已经成为一个不可分割的整体。该方程组系统而完整地概括了电磁场的基本规律，并预言了电磁波的存在。

1821 年，法拉第从广泛的实验研究中构想出描绘电磁作用的力线图像。力线图像形象地描绘了力线场的图像，法拉第认为电荷和磁极周围充满了力线，靠力线（包括电场线和磁感线）将电荷（或磁极）联系在一起。

在法拉第力线思想的激励下，英国物理学家开尔文对电磁作用的规律进行了有益的尝试。1842 年和 1847 年，开尔文连续发表了两篇关于电磁相似性的论文，文中把法拉第的力线思想转变为定量表述，初步形成了电磁作用的统一理论。

开尔文运用类比方法，把法拉第的力线思想转变为定量的表述，为麦克斯韦的工作提供了十分有益的经验。在大学期间，麦克斯韦就深深地被法拉第的力线思想所吸引，他认识到力线概念的重要性，也看到法拉第在定性表述方面的弱点，决心以数学手段弥补其不足。同时，开尔文的论文使他体验到法拉第的思想与传统的静电理论是协调的，有可能进一步建立统一的电磁理论。

1856 年 2 月，麦克斯韦的第一篇电磁学论文《论法拉第力线》不仅用数学形式解释了法拉第的力线图像，而且包藏着他后来一切新思想乃至麦克斯韦方程组的胚胎。

早在 1831 年，法拉第经过几年的研究已经证明了磁能生电，能产生出电流，能变出电场。电流和电场并不一样，电流很明显地能使导线发热，能电解水，叫传导电流。而变化的电场虽然也有电流的某些性质，却并不明显，聪明的麦克斯韦就给它起了一个名字叫“位移电流”。

变化电场能否像电流一样激发出磁场呢？法拉第实验了多少年还是没有找到它们之间的联系。到了最关键的时候，问题往往不是用实验所能解决的，而只能靠推理来决定。而这个难题最后是麦克斯韦用数学公式推导出来的。

1855 年，麦克斯韦开始研究电磁学，在潜心研究了法拉第关于电磁学方面的新理论和思想之后，他坚信法拉第的新理论包含着真理。于是他抱着给法拉第的理论“提供数学方法基础”的愿望，决心把法拉第的天才思想以清晰准确的数学形式表示出来。

从这一年开始至 1864 年，麦克斯韦在前人研究的基础上，经过近 10 年的研究，终于使统一的电磁场理论诞生了。他对整个电磁现象作了系统、全面的研究，凭借自己高深的数学造诣，发表了电磁场理论的有关论文。在这些论文中，他对前人和自己的工作进行了综合概括，将电磁场理论用简洁、对称、完美的数学形式表示出来，经后人整理和改写，成为构成经典电动力学主要基础的麦克斯韦方程组。

据此，麦克斯韦于 1865 年预言了电磁波的存在，并计算了电磁波的传播速度等于光速，同时得出结论：光是电磁波的一种形式。20 多年后，德国物理学家赫兹用实验验证了电磁波的存在。

1873 年，麦克斯韦出版了科学名著《电磁理论》，书中系统而全面地总结了电磁学研究的全部成果，阐述了电磁场理论体系。电磁理论把电磁现象和光现象的本质统一起来了，完成了物理学的一次大融合，为现代无线电电子工业奠定了理论基础，是 19 世纪科学史上的一件大事。

电磁波是怎么被发现的

我们今天能够听广播、看电视、接听手机都是电磁波的功劳，这些信号都是靠电磁波来传播的，有了电磁波我们可以在世界的各个角落享受科技给我们带来的方便。

电磁波的发明者是德国著名物理学家赫兹，现在电磁波频率的单位被定为赫兹，就是为了纪念赫兹而设立的。

自从 1873 年麦克斯韦出版了科学名著《电磁理论》以后，他的电磁理论在当时并不为众人所接受。这是因为书中所用的数学方法比较深奥、抽象，加之在之后很长一段时间没有人发现电磁波，所以电磁理论始终处于预想阶段。因此，能否找到电磁波，并证实电磁波的真实存在，就成了检验麦克斯韦理论的关键。

就在麦克斯韦去世 9 年后的 1888 年，德国物理学家赫兹终于找到了电磁波，他把天才的预想变成世人公认的真理，使伟大的假说变成了现实。

早在大学学习期间，赫兹就一直探讨麦克斯韦的电磁理论，他想在电磁研究上有所突破，但因学识水平不足，只好暂时放下。直到 1883 年，他在基尔时，又正式开始对电磁进行研究，但仍然没有结果。两年后，他到卡尔斯鲁厄高等工艺学校当物理教授，继续实验麦克斯韦的电磁学说。

一天，赫兹正在做一次放电实验，他突然发现在附近的线圈上迸发出小火花。赫兹马上联想到，这是电谐振的结果，就像声学实验中相同的音叉会产生共振一样。赫兹由此受到启发，从此开始了捕捉电磁波的系统实验。

经过无数次的实验，1886 年，赫兹的实验成功了，而麦克斯韦的电磁理论也因此获得了无上的荣誉。赫兹在恩师赫尔姆霍兹的指导和帮助下，制成了一套完备的实验仪器。他将两个用空气隔开的金属小球调到一定的位置，接上高压交流电，使电荷交替地涌入。由于两球之间的电压很高，间隙中的电场很强，空气分子被电离，从而形成一个导电通路。通电时，两个本来不相连的小球间却发出吱吱的响声，并有蓝色的电火花一闪一闪地跳过，这说明小球间产生了电场。

蓝色的火花给了赫兹巨大的力量，为了能接收到电磁波，赫兹继续他的实验。他在离金属球 4 米远的地方用一根导线弯成环形，线的两端之间有一个空气隙，做成了一个能探测电磁波的检波线圈。按照麦克斯韦的方程，电场再激发磁场，磁场再激发电场，连续扩散开去，便有电磁波传递。当火花发生器通电后，检波器的空气隙里果然出现了蓝光闪闪的小火花。可见火花发生器的电流能产生辐射，它的能量能跨越空间，从发生器送到接收环。这就说明发射球和接收环之间有电磁波在运动了。

电磁火花在赫兹长期刻苦的探索中，终于偶尔闪烁出了成功的光辉。后来，赫兹又通过反复实验证明了电磁波具有光一样的反射性能。此后，他还悉心研究了电磁波的折射、干涉、偏振和衍射等现象，并且算出了速度为每秒 30 万千米，同时证实了在直线传播时，电磁波的传播速度与光速相同，从而全面验证了麦克斯韦的电磁理论的正确性，并且进一步完善了麦克斯韦方程组，使它更加对称、完美，得出了麦克斯韦方程组的现代形式。

电磁波是能量的一种，凡是高于绝对零度的物体，都会释放出电磁波。电磁波是电磁场的一种运动形态。变化的电磁场在空间的传播形成了电磁波，电磁的变动就如同微风轻拂水面产生水波一般，因此被称为电磁波，也常称为电波。

赫兹认真比较了导体和非导体的作用，确定它们其实没有什么不同，证明这不是静电或电磁的屏蔽作用，紧接着，赫兹又用各种透明的和不透明的材料进行实验，发现能透光的玻璃仍然能起隔离作用。看来光的因素也应排除。他又做了进一步的实验，发现岩盐、冰糖、明矾起的隔离作用很强，而水晶和透明石膏几乎不起隔离作用，几厘米厚都不影响放电。赫兹还改变电极之间的远近，变换电极所有材料，用各种不同的液体甚至不同气压的气体作为屏蔽物，又做了反射、折射等实验。最后发现是紫外线在起作用。当紫外线照到负电极时，效果最为明显，说明负电极更容易放电。赫兹的论文《紫外光对放电的影响》发表在 1887 年《物理学年鉴》上，论文详细描述了他的发现。

赫兹的论文发表后，立即引起了科学界广泛的巨大的轰动，许多国家的物理学家纷纷投入到光电效应的研究中来，因为当时人们误以为光直接变成了电，如果真是这样，那今天的能源危机就能迎刃而解了。

赫兹的这个发明，为人类研究和利用电磁波拉开了序幕。从此以后，电磁波被广泛用于各个领域的信号传播，比如无线电广播与电视都是利用电磁波来进行的。在无线电广播中，人们先将声音信号转变为电信号，然后将这些信号由高频振荡的电磁波带着向周围空间传播。而在另一地点，人们利用接收机接收到这些电磁波后，又将其中的电信号还原成声音信号，这就是无线广播的大致过程，而在电视中，除了要像无线广播中那样处理声音信号外，还要将图像的光信号转变为电信号，然后也将这两种信号一起由高频振荡的电磁波带着向周围空间传播，而电视接收机接收到这些电磁波后又将其中的电信号还原成声音信号和光信号，从而显示出电视的画面和喇叭里的声音。这给我们的生活带来了无穷无尽的方便和快乐。

电磁波的发现是近代科学史上的一座里程碑，具有划时代的意义。它不仅证实了麦克斯韦发现的真理，更重要的是开创了无线电电子技术的新纪元。

感知一切的雷达

雷达作为一种跟踪、侦察设备被广泛地运用在军事和人们的生活实践中。真正实用的雷达是英国著名物理学家、国家物理研究所无线电研究室主任罗伯特·沃特森·瓦特发明的。

第一次世界大战期间，飞机被大量地运用在战争中，由于飞机机动性能好、速度快、来无影、去无踪，一些国家在抵御飞机的进攻方面遇到了很大的困难。因此，为了减少飞机轰炸带来的巨大危害，一些科学家开始研制一种可以远距离寻找飞机的仪器，这就是后来的雷达。

雷达的发明可以追溯到 19 世纪。1887 年，德国著名物理学家赫兹在证实电磁波的存在时，就已发现电磁波在传播的过程中遇到金属物会被反射回来，就如同用镜子可以反射光一样。这实质上就是雷达的工作原理，也为人们制造雷达奠定了理论基础。

有一次，赫兹正在进行无线电通信实验，通信突然中断了，几分钟后又恢复了正常。这种现象连续多次出现，开始他以为是机器出现了故障，后来经检查，一切都是正常的。于是，赫兹观察了外部的情况，发现一艘轮船正通过两艘军舰之间，等船驶过去后，两舰之间的通信又恢复了正常。赫兹凭着自己敏锐的感觉，立刻意识到，就是这只船在经过两舰之间时挡住了无线电波。赫兹由此想到，如果在海上航线上设置无线电通信设备，就可以利用发射出去的电磁波探测到海上目标。但令人遗憾的是，他没有将此想法付诸实践。直到1922年，美国科学家根据波波夫的设想，在海上航道两侧安装了电磁波发射机和接收机，当有船只经过时，通过电波马上就可以测出。这就等于在海上设置了一道看不见的警戒线。不过这种装置仍然不能算是严格意义上的雷达。

1935年，英国著名物理学家、国家物理研究所无线电研究室主任瓦特在此基础上发明了一种既能发射无线电波，又能接收反射波的设备，它在很远的距离就能探测到飞机的行动。这就是世界上第一台雷达。这台雷达能发出1.5厘米的微波，因为微波比中波、短波的方向性都要好，遇到障碍后反射回的能量大，所以探测空中飞行的飞机性能好。为了安全和方便，当时称这种雷达为CH系统。经过几次改进后，1938年，CH系统才正式安装在泰晤士河口附近。这个200千米长的雷达网，在第二次世界大战中给希特勒造成极大的威胁。随后，英国海军又将雷达安装在军舰上，这些雷达在海战中也发挥了重要作用。雷达不仅运用在军事上，还可用来探测天气，查找地下20米深处的古墓、空洞、蚁穴等。随着科学技术的进步，雷达的运用也越来越广泛。

雷达所起的作用和眼睛、耳朵相似，当然，它不再是大自然的杰作，同时，它的信息载体是无线电波。实际上，不论是可见光或是无线电波，在本质上是同一种东西，都是电磁波，传播的速度和光速一样，不同之处在于它们各自占据的频率和波长不同。其原理是雷达设备的发射机通过天线把电磁波能量射向空间某一方向，处在此方向上的物体反射碰到的电磁波；雷达天线接收此反射波，送至接收设备进行处理，提取有关该物体的某些信息（比如目标物体至雷达的距离，距离变化率或径向速度、方位、高度等）。

测量距离实际是测量发射脉冲与回波脉冲之间的时间差，因电磁波以光速传播，据此就能换算成目标的精确距离。

测量目标方位是利用天线的尖锐方位波束测量，测量仰角靠窄的仰角波束测量，根据仰角和距离就能计算出目标高度。

测量速度是雷达根据自身和目标之间有相对运动产生的频率多普勒效应原理。雷达接收到的目标回波频率与雷达发射频率不同，两者的差值称为多普勒频率。从多普勒频率中可提取的主要信息之一是雷达与目标之间的距离变化率。当目标与干扰杂波同时存在于雷达的同一空间分辨单元内时，雷达利用它们之间多普勒频率的不同能从干扰杂波中检测和跟踪目标。

美丽的极光

极光多种多样，五彩缤纷，形状不一，绮丽无比，在自然界中还没有哪种现象能与之媲美。任何彩笔都很难绘出那在严寒的两极空气中嬉戏无常、变幻莫测的炫目之光。

极光是由于太阳带电粒子（太阳风）进入地球磁场，在地球南北两极附近地区的高空，夜间出现的灿烂美丽的光辉。在南极称为南极光，在北极称为北极光。

极光在很多时候出现的时间都很短暂，就像节日里燃放的焰火一样在空中闪现一下就消失得无影无踪，但是有时却可以在天空之中停留几个小时。有时像一条彩带，有时像一团火焰，有时又像一张五光十色的巨大银幕。有的色彩艳丽，变幻莫测；有的仅呈现银白色，宛如棉絮、白云，凝滞不变；有的异常闪亮，甚至可以掩去星月的光辉；有的又十分淡雅，恍若一缕青丝；有的结构简单，状如一弯弧光，呈现淡绿、微红的色调；有的犹如彩绸或缎带抛向天空，上下舞动、翻动；有的软如纱巾，随风飘动，呈现出紫色、深红的色彩；有时极光出现在地平线上，犹如晨光曙色；有时极光如山茶吐艳，一片火红；有时极光密聚一起，犹如窗帘幔帐；有时它又射出许多光束，宛如孔雀开屏，蝶翼飞舞。

不是地球上每个地方都能出现极光的，极光一般只出现在高纬度地区上空，是一种绚丽多彩的自然发光现象。而地球上的极光，由来自地球磁层或太阳的高能带电粒子流使高层大气分子或原子激发而产生。极光产生的条件大致有三个：大气、磁场、太阳风，这三者缺一不可。极光不只在地球上出现，太阳系内的其他一些具有磁场的行星上也有极光，只是我们用肉眼无法看到罢了。

许多年以来，人们一直都在研究和探索极光这个天象之谜。从前，生活在北极的爱斯基摩人以为那是鬼神引导死者灵魂上天堂的巨大火炬。到了13世纪时，人们大多认为那是格陵兰冰原反射的光。到了17世纪后，人们才称它为北极光(同理在南极所见到的同样的光称为南极光)。

随着科技的不断进步，极光的奥秘也越来越为我们所熟知。原来，这美丽的景色是太阳与大气层一起表演给我们人类的宏大作品。在太阳创造的诸如光和热等形式的能量中，有一种能量叫作“太阳风”。太阳风是太阳燃烧过程中喷射出的带电高能粒子，是一束可以覆盖地球的强大的带电亚原子颗粒流，因而属于等离子态。太阳风在地球上空环绕地球流动，以大约每秒400千米的速度撞击地球磁场。然而地球磁场形如漏斗，尖端对着地球的南北两个磁极，因此太阳发出的带电粒子沿着地球磁场这个“漏斗”沉降，进入地球的两极地区。两极的高层大气，受到太阳风的轰击后会发出光芒，形成极光。

现在，许多科学家还在对极光作深入的研究。人们现在看到的极光，主要是带电粒子流中的电子造成的。而且，极光的颜色和强度基本上取决于沉降粒子的能量和数量。用一个形象比喻，可以说极光活动就像磁层活动的实况电视直播画面。沉降粒子为电视机的电子束，地球大气为电视屏幕，地球磁场为电子束导向磁场。科学家从这个天然大电视中得到磁层以及日地空间电磁活动的大量信息。例如，通过极光谱分析我们就可以了解沉降粒子束来源、粒子种类、能量大小、地球磁层的结构、地球磁场与行星磁场的相互作用，以及太阳扰乱对地球的影响方式与程度等。

极光的外表看起来虽然美丽，但是它在地球大气层中投下的能量，可以与全世界各国发电厂所产生电容量的总和相比。这种能量常常会搅乱无线电和雷达的信号。极光所产生的强力电流，也可以集结在长途电话线或影响微波的传播，使电路中的电流局部或完全“损失”，甚至使电力传输线受到严重干扰，从而使某些地区暂时失去电力供应。怎样利用极光所产生的能量为人类谋福利，是当今科学界的一项重要使命，也是摆在科学家面前的又一道难题。

发电机的奥秘

英国科学家法拉第于 1831 年发现了电磁感应原理。法拉第将一个封闭电路中的导线通过电磁场，导线转动的时候法拉第发现导线中有电流产生，他因此了解到电和磁场之间有某种紧密的关联，他建造了第一座发电机原型，其中包括了在磁场中旋转的铜盘，此发电机产生了电力。在此之前，所有的电皆由静电机器和电池产生，而这二者产生的电流都很有限，无法使电力成为一种可以利用的能源。但是，法拉第的发电机终于改变了一切。

就在法拉第发现电磁感应原理的第二年，受法拉第发现的启示，法国人皮克希应用电磁感应原理制成了最初的发电机。

皮克希的发电机是在靠近可以旋转的U形磁铁的地方，用两根铁芯绕上导线线圈，使其分别对准磁铁的N(北)极和S(南)极，并将线圈导线引出。这样，摇动手轮使磁铁旋转时，由于磁感线发生了变化，结果在线圈导线中就产生了电流。

由这种发电机的装置可以知道，每当磁铁旋转半圈时，线圈所对应的磁铁的磁极就改变一次，从而使电流的方向也跟着改变一次。为了改变这种情况，使电流方向保持不变，皮克希想出了一个巧妙的办法：在磁铁的旋转轴上加装两片相互隔开成圆筒状的金属片，由线圈引出的两条线头，经弹簧片分别与两个金属片相接触。另外，再用两根导线与两个金属片接触，以引出电流。这个装置，就叫作整流子，在后来的发电机上仍得到应用。

在日常生活中，我们照明离不开电，看电视离不开电，人们几乎已经到了离不开电的地步了。人们在生产生活中使用的电不是自然而生的，而是人们通过发电机从自然界获得的，目前人类获得电能的来源大致有以下几种：第一，利用煤、石油、天然气燃烧时放出的能量带动发电机发电，优点是不受时间和地点限制，发电较为稳定可靠，所占发电量的比重最大，缺点是浪费资源，污染环境。第二，利用水流动的能量和风能以及太阳能发电，优点是干净清洁，不污染环境，成本较低，缺点是受季节和地区限制，发电量有限。第三，利用核能发电，优点是发电效率高，发电量大，缺点是技术要求高，安全隐患大。

无论靠哪一种方法获得电能，我们都需要通过发电机来实现这个目的，发电机是将其他形式的能源转换成电能的机械设备，出现在第二次工业革命时期，由德国工程师西门子于1866年研制成功，它由水轮机、汽轮机、柴油机或其他动力机械驱动，将水流、气流、燃料燃烧或原子核裂变产生的能量转化为机械能传给发电机，再由发电机转换为电能。发电机在工农业生产、国防、科技及日常生活中有广泛的用途。

在此之后，发电机开始进入工业生产领域，开始发电以服务于人们的生产和生活，此外人们也对发电机做了一次又一次的改进。

1869 年，比利时著名科学家格拉姆制成了环形电枢，发明了环形电枢发电机。这种发电机是用水力来转动发电机转子的，经过反复改进，于 1847 年达到了 3.2 千瓦的输出功率。

1882 年，美国的科学家戈登制造出了输出功率 447 千瓦，高 3 米，重 22 吨的两相式巨型发电机。美国的特斯拉在爱迪生公司的时候就决心开发交流电机，但由于爱迪生坚持只研究直流方式，因此他就把两相交流发电机和电动机的专利权卖给了美国西屋公司。

1896 年，特斯拉的两相交流发电机在尼亚拉发电厂开始正式运营，3750 千瓦，5000 伏的交流电一直送到 40 千米外的布法罗市。

1889 年，西屋公司在俄勒冈州建设了一个规模更大的发电厂，1892 年成功地将 15000 伏电压送到了皮茨菲尔德。

电流磁效应

——电与磁转化的秘密

1820 年是科学发展史上重要的一年，尤其是在物理电学研究方面，这一年获得了很多重大的发现，而丹麦物理学家奥斯特发现的电流磁效应就成为其中之一。这一发现，为电学研究带来一次高潮，也为人类进入电气化时代打下了基础。

英国的物理学家吉尔伯特对电现象与磁现象进行深入分析对比后，曾断言了电与磁是两种截然不同的现象，没有任何一致性。在这以后，许多科学家也认为电与磁没有联系，就连库仑也曾断言，电与磁是两种完全不同的实体，它们不可能相互作用或转化。因此，人们便一直认为电现象与磁现象是两种完全不相关的事物，并一直将它们分开研究。直到奥斯特发现电流磁效应，人们才开始承认两者之间的关系。

其实在电流磁效应发现之前，奥斯特就一直对电与磁是否有一定联系这个问题很有兴趣。他所信奉的康德哲学思想指出，各种自然力可以相互转化。受到这种哲学思想影响，奥斯特坚信着客观世界的各种力具有统一性，并开始对电、磁的统一性进行研究。

1751 年，富兰克林用莱顿瓶放电的办法使钢针磁化，这使奥斯特得到了很大的启发，他认识到电向磁转化不是可能不可能的问题，而是如何实现的问题，而问题的关键就是要找到电与磁转化的条件。他进行了多次电与磁转化的实验，但最后的结果都以失败告终。一直到 1820 年 4 月的一天晚上，奥斯特正在为一群具备相当物理知识且精通哲学的学者讲课，突然“灵感”来了，在讲课即将结束时，奥斯特说：“让我把通电导线与磁针平行放置来试试看！”于是，他在一个小伽伐尼电池的两极之间接上一根很细的铂丝，在铂丝正下方放置一枚磁针，电源接通后，多年来盼望的现象，终于出现了，小磁针微微地跳动，转到与铂丝垂直的方向。这微小的摆动，对听课的学者们来说并没有什么，但对奥斯特来说这实在太重要了！接下来，他又改变了电流方向，发现小磁针向相反方向偏转，当时他简直愣住了，这一切都说明：电流方向与磁针的转动之间有某种联系。

从 1820 年 4 月开始，奥斯特为了进一步弄清楚电流对磁针的作用，做了 60 多个实验，在这 3 个月的时间里，他把磁针放在距导线不同的距离，研究电流对磁针作用的强弱；把磁针放在导线的上方、下方，研究电流对磁针作用的方向；把木头、石头、金属、瓦片、玻璃、松脂、水等放在磁针与导线之间，研究电流对磁针的影响。1820 年 7 月 21 日，奥斯特终于发表了题为“关于磁针上电流碰撞的实验”的论文。这篇论文十分简洁地报告了他的实验，向科学界宣布了电流的磁效应。但就是这四页纸，揭开了研究电磁学的序幕，标志着电磁学时代的到来。

奥斯特电流磁效应的发现不仅为后世的科学家们的研究提供了更

多的可能性，更是改变了世界，使人们有机会进入新的电气化时代。

奥斯特是一位热情洋溢、重视实验和科研的教师，他说："所有的科学研究都是从实验开始的，我不喜欢那种没有实验的枯燥的讲课。"因此他受到学生们的欢迎。此外，奥斯特还是一位卓越的讲演家和自然科学普及工作者，1824 年他倡议成立丹麦科学促进协会，创建了丹麦第一个物理实验室。奥斯特的功绩受到了学术界的公认，1908 年，丹麦自然科学促进协会建立"奥斯特奖章"，以表彰这位作出重大贡献的物理学家。1937 年美国物理教师协会设立"奥斯特奖章"，奖励在物理教学上作出贡献的物理教师。

神奇的无线电波

没有无线电的时代，传递战报靠的是烽火狼烟，用的是驿道快马。如今，千里之外声音只在瞬间就会传递给对方。无线电缩短了人与人之间的距离，使庞大的世界变成了"地球村"。我们应该记住为无线电作出贡献的人类的精英们！

从纸质时代到信息时代，无线电带给人类种种便捷的生活。它使人类摆脱地理位置的束缚，实现瞬间的虚拟集结，在瞬间获取文字甚至是图像信息。如今，无线电更是以潮水般的力量改变着人类的生活方式和生活习惯。

1886 年，德国物理学家赫兹在实验中证实了电磁波的存在，它像光一样，可以在空中传播。1894 年，无线电天线问世。1896 年，世界上第一台无线电发报机诞生。1901 年 12 月，跨洋收发报距离达 3200 千米，从此，无线电波开始为人类服务。

在这一系列闪光的成就背后有两个耀眼的名字——俄国的波波夫和意大利的马可尼。他们虽然在不同的国度，但几乎在相同的时间内都对无线电的诞生作出了举世瞩目的贡献。

1888 年，29 岁的波波夫得知赫兹发现了电磁波的消息后，异常兴奋。他把电磁波的应用作为自己的研究目标,埋头研究起来。

1894年,波波夫在实验中发现,接收机检测电波的距离突然比往常增大了许多,他发现一根导线搭在金属屑检波器上。把导线拿开,接收机上的电铃就不响了;把实验距离缩小到原来那么近,电铃又响了起来。据此他很快制成了一台无线电接收机,并创造性地使用了导线——这就是今天人们熟知的天线。不久,波波夫用电报机代替电铃,作为接收机的终端。这样,世界上第一台无线电发报机诞生了。

1896年,在俄国物理化学协会年会上,波波夫正式进行了无线电传递莫尔斯电码的表演。

他把收报机装置在会议大厅,把发射机安放在距大厅250米外的一座大楼里。发射机发出信号,收报机的纸带上打出了相应的点和线。会议主席把接收到的电码翻译成文字,并逐一写在黑板上。最后,黑板上出现了世界上第一份有明确内容的无线电电报:"海因利茨·赫兹。"就在波波夫成功之后的不长时间,马可尼实现了无线电信号传送。他在家里的楼上楼下分别装上发报接收装置。他在楼上一按电钮,楼下客厅里就传来一阵铃声。第二年秋天,马可尼把发报装置装在离家2.7千米外的一个小山顶上。结果安放在家里的三楼上的接收装置收到了发报装置发出的信号。实验又一次获得成功,马可尼深受鼓舞。

进一步的实验需要一大笔经费。这就不是马可尼所能负担的了。他立即写信给邮电部部长,阐明了实验的重大意义,要求邮电部门给予支持。可政府部门对此事一点也不感兴趣,认为马可尼是个骗子。痛心至极的马可尼只好离开意大利,去外国寻找支持实验的人。马可尼来到对科学技术颇为重视的英国,得到政府及学术界的热烈欢迎。英国政府批准了他的发明专利,并为他提供一切实验条件。有了良好的条件,马可尼实验进展得十分顺利。

1897年5月11日,马可尼在英国西海岸布里斯托尔海峡南端的拉渥洛克，进行了跨海无线电通信实验，成功地达到了4.8千米的通信距离，这是波波夫在这年年初定下的5千米的成绩。

7天后的另一个实验中，马可尼使收发报距离猛增到14.5千米，把波波夫抛在后面，跃居世界最先进的水平。

1901年12月，英国康沃尔发射台开始连续使用60米高的天线发射无线电波。由于事先准备好的氢气球爆炸，马可尼只好临时用大风筝把天线升到121米的高空。终于，他们收到了大西洋彼岸的加拿大圣约翰斯发出的事先商定好的莫尔斯电码。跨洋收发报距离达3200千米，实验成功了！这一消息轰动了世界。从此，无线电波开始为人类服务。人类的通信事业进入了新纪元。

电磁铁与门铃

早在战国时期，我们的祖先就发明了指南针。自那以后，人类就开始利用磁的性能为人类服务了。但是，在17世纪以前，人们并不知道电和磁之间有什么关系，只是在一次偶然的事件中，人们发现电可以生磁。

在17世纪的时候，有一天，狂风大作，雷电交加，一家皮鞋作坊不幸被雷电袭击。暴风雨过后，作坊主回到作坊里，他很惊奇地发现，鞋钉和缝针都粘到铁锤和砧子上去了，就像磁石能把钉子和针吸起来那样。当时科学家仔细地研究了这一奇怪的现象，发现这种现象是雷电使铁锤和砧子等磁化所造成的。后来，人们就把电线绕到铁块上，制成了电磁铁。到了19世纪，法拉第用实验证明：磁也可以产生电，从此，科学家们把电和磁完全联系起来了。

电磁铁具有广泛的应用，最早也是最简单的一种应用可能要数电铃了。主要部件是一个马蹄形电磁铁，电磁铁上有一块衔铁，它和弹簧片相连接；衔铁的一端有一个小锤，锤和铃盖之间有一个小空隙。按钮就是电铃的开关，按下按钮接通电流，铁芯被磁化，将衔铁向下吸，小锤就会碰击铃盖，发出丁零的声音。在衔铁被吸向下的同时，接触螺钉与弹簧片断开，电流中断，电磁铁失去磁性，衔铁又被弹回原处，电流再次接通，小锤又敲击一下铃盖。这样，在按下开关期间，清脆的门铃声就响个不停了。当然，随着技术的发展，五花八门的电铃就应运而生了。

电磁铁的应用相当广泛，例如，你每天都能欣赏到美妙的音乐，还得靠电磁铁这玩意儿呢，因为电视机、收音机等的扬声器中，就是由一块电磁铁和一个小振片来产生动听的声音的。在电话、电报和自动控制装置，电磁铁充当其中的主要角色。工厂里有个“大力士”就叫电磁起重机，它能搬动成吨重的大铁块。

贝尔德发明电视

发明电视图像传送装置的梦想，牵引着许多科学家的心。其中，英国科学家贝尔德对这一装置简直迷得发疯。他在自己从事研究的同时，关注着科学界的一点一滴的进展。而这段时间科学家们取得的进展也是惊人的。

1873 年，电气工程师史密斯在改革海底电缆的一个装置时发现，硒遇见阳光就会像电池一样能产生电。阳光被遮住后，就不产生电。美国工程师肯阿里利用这个原理，制作了一个特殊的装置——“光电池”。

光电池能在强光下产生强电流，在弱光下产生弱电流，那么能不能利用它的这种特性来传送图像呢？为此肯阿里于 1875 年设计了一个实验。可是实验失败了。

后来波兰科学家尼布可认为肯阿里的实验设想没有错，于是，他在肯阿里实验的基础上，设计了一个新的方案。可新方案仍达不到实验的要求，以失败而告终。

这一系列的实验贝尔德都细细研究过。他认为，从理论上来说，从肯阿里的实验到尼布可的实验都没有错，只是技术设备还不成熟。电视的诞生还需要其他技术的帮助。

1906 年，美国科学家德福雷斯特发明了三极管。1912 年，德国科学家耶斯塔和盖特发明了新型光电管。这时贝尔德决定继承其他科学家的研究成果，继续实验下去。于是，他在靠近一块硒板的地方放了一张照片，让一束移动光束投射到照片上，使它照遍照片的各个部位，并反射到硒板上。这样，硒板上的感光就会随着图像的明暗变化而产生各种强度不同的电流。这也就是现在人们所说的图像扫描。产生的电流被输送给发射机，由发射机用线路或无线电发射出来，再由接收机接收，并把电波转换成明暗不同的图像。不过，这只能产生静止的图像。

为了研究、发明，贝尔德几乎倾家荡产。但他顽强地坚持研制，终于制作出一台能传递静止图像的“机械扫描电视机”。这台原始的电视机几乎没有引起社会的注意。精疲力竭的贝尔德只好将机械扫描电视机赠送给科学馆，以换取一笔小小的款项。

有了资金，贝尔德又勇敢地开始了征服电视机的旅途。他把钻了许多洞的圆盘安装在一根织针上进行扫描，将光投射到转动的圆盘上，这个装置按固定的顺序照亮图像的不同部位，再将其转换成电流。强度不同的电流发射给接收机，再转换成图像。经过改进，电视机拍摄和投放出来的图像比原来清晰逼真多了。

1925 年，贝尔德在英国伦敦一家百货店里用圆盘对一个小伙计进行扫描，结果小伙计的面容出现在了电视屏幕上，这件事一时轰动了英国。

1931 年，贝尔德在伦敦大剧院对距离伦敦大剧院 23 千米的赛马场进行电视直播。赛马开始了，电视屏幕上出现奔跑的马、欢呼的人群……兴奋的观众发出阵阵尖叫。贝尔德终于成功了！

再现图像的录像机

早在电视机问世之初，科学家就想到了把电视信号记录下来，需要时再取出来放，就好像录音机把声音录下来供日后重放一样。

1926 年，英国发明家贝尔德深入研究了留声机、电视机的原理。在此基础上，他把 30 线的扫描图像通过特殊的机构转变为音频信号，然后像制作唱片一样，在录像唱片上刻出螺旋沟槽，发明了一种有声电视唱片。遗憾的是，它的图像模糊得“不堪入目”。

尽管这样，这种原始录像设备还是轰动了世界，毕竟它是人类第一次再现图像。

1927 年，俄国科学家日乔鲁夫试图对贝尔德发明的有声电视唱片做重大改进。他设想用波尔逊发明的钢丝录音技术记录图像和声音，这样就可以获得更清晰的图像。可是，由于经济等方面的原因，日乔鲁夫的设想并没有付诸实践。

随着电子工业水平的提高，录像设备的制造水平也一日千里。1936 年，黑白电视机的线数已发展到了 405 线。显然，机械扫描方式已经过时了。科学家们又打算用电子扫描的方法制造电视录像设备。

英国广播公司的技术员丁布伦首先开始了把最新的电子技术应用于录像设备中的尝试。

他到各大图书馆查阅了大量的资料，倾听了专家们各种不同的研制方案。在这个基础上设计出了自己独特的研制方案。接着，丁布伦开始进入实施阶段。他按研制的需要，购买了大量的电子元件以及必备的工具，开始了组装工作。

要把成千上万的电子元件焊接到它所应放置的地方可不是件容易的事，需要付出极大的脑力劳动和体力劳动。丁布伦不知疲倦地工作着。20 世纪 50 年代初，他终于制造出了一座“庞大”的机器。这台机器有两个大磁带盘，磁带以每秒 5 米的速度经过一个静止的录像磁头。录像效果还不错。世界上第一台真正的录像机诞生了！

但是，这台录像机体积太庞大了，用起来极不方便，没有什么推广价值。不久，丁布伦为回收部分资金，把它当废品拍卖了。

1956 年，美国埃姆派克公司的一批技术人员通力合作，首次制造出了实用的电视磁带录像机。这种录像机磁带宽为 50 毫米，走带速度为每秒 39.7 厘米。它的体积与一辆小型汽车差不多。

1959 年,德国德律风根公司和日本东芝公司,发明了螺旋扫描技术,由此诞生了体积较小的录像机。此后,录像机才开始真正得到应用。1959 年,美国总统尼克松访问前苏联。在世界瞩目的美苏两国首脑会谈时,尼克松与前苏联共产党第一书记赫鲁晓夫之间进行了一场著名的“厨房辩论”。这场唇枪舌剑的场面,被跟随尼克松访问的技术人员录了下来。辩论结束后,赫鲁晓夫被邀请观看一个“精彩的节目”。当赫鲁晓夫看到电视屏幕上出现自己唾沫横飞的形象时,几乎惊呆了。人们告诉他:这是录像机录下的。就这样,赫鲁晓夫和尼克松总统成为世界上最早的录像“明星”。

电　话

电话,使人们的信息传播得更加方便、快捷,改变了人们只靠电报这一单一的通信工具,揭开了人类科技的新篇章。电话的发明者就是贝尔。

贝尔的父亲是致力于发音的专家,母亲耳聋。由于家庭的原因,贝尔从小耳濡目染地成为一位专门研究语言的青年学者。

在贝尔出生的时候,莫尔斯已经发明了有线电报。当然,这似乎与他毫无瓜葛,但他却对电磁发生的原理产生了浓厚的兴趣。后来他们全家从苏格兰移民到了美洲,他受聘在波士顿大学担任了语言教师,这就使这位平凡的语言教师有机会参与莫尔斯电报机的改进工作,从而改变了贝尔的一生。

在工作中,贝尔萌生了一个念头,就是让电直接传达声音,把声音和电结合起来。贝尔记起童年的时候一件非常有趣的游戏:把一根长长的线穿在两只空罐头的底部,一个人把空罐头放在嘴边说话,而另一头,另一个人却把空罐头按在耳朵上,将线拉紧时,说话的声音会清清楚楚通过直直的线传到另一个人的耳朵里。想到这里,贝尔茅塞顿开,假如能把空的罐头变成把声音改换成电信号、再把电信号还原成声音的装置，中间用导线代替原来的长线，那么不就可以用电传达声音了吗？但是一个重要的问题摆在眼前，如何使声音与电流有效地相互转换呢？这一问题属于尖端的物理学课题。贝尔没有气馁，而是坚持不懈地寻找答案，他不停地学习，不停地请教。

贝尔开始深入地钻研起电磁学原理。他知道语音信号的传达不同于电报传达，它比电报传达要复杂得多，电报传达的只是十分单一的长短两种信号。他跟自己的助手华生合作，试制了一种金属膜片，在膜片中心设置了磁性的簧片，但是人发出的声波如何会引起它的电磁波呢？贝尔依靠他坚韧的意志又一次向困难发起了挑战。

就在这个关键时候，大发明家爱迪生给贝尔提供了一个金子般的点子，使他终于找到了声音和电流交换的金钥匙。就是用碳粉密度的改变来改变敏感的电阻，从而改变通过它的电流强度。依照这种正确的思路，贝尔和他的助手华生把自己的金属膜片装在了填充着碳粉的容器上，当人发出的声音通过膜片作用到碳粉上时，碳粉便会因为音波的冲击不断改变密度，产生出强度不同的电流。反之，不同强度的电流使碳粉的密度改变，促使膜片振荡产生出相应的声波，于是送话器和受话器诞生了。他们于 1876 年 2 月终于造出了第一只送话器和受话器，在实验中，他们分别在两个房间装配器械，并用电线连接起来，然后通上了电流。伟大的发明总是偶然和必然的结合体，一个小小的意外最终实现了他们的目标。当贝尔不小心碰翻了电池，蓄电池里的稀硫酸泼到了桌子上。贝尔喊华生来帮忙，按理贝尔的话是不可能让在另一个房间的华生听到的。但是，华生却万分激动地飞跑过来，喊道："你刚才是在喊我？是不是？"他无意之中听到了贝尔的喊叫，而且是清清楚楚地听到的。

同年，在费城举办的博览会上，贝尔把自己的发明送到了展示台。他的发明使一向矜持不动声色的巴西国王大为惊讶，大声对身边的新闻记者喊："你听，他在说话了！"记者们目睹了这生动的一幕，立刻把贝尔的发明公布在自己的报纸上。这项伟大的发明激起了公众浓厚的兴趣，但是，这并未使新发明及时地投入到实际运用中。原因在于实力最强的美国西部电力公司为了保护自己的地位拒绝收购贝尔的发明。

难道真的要向现实低头吗？这位平凡而伟大的人并没有这样做。凭借自己的勇气、智慧，他又开辟了另一个战场，靠自己去实现自己的发明的商业价值。第二年，贝尔电话公司成立了，电话立刻受到热烈的欢迎，电话开始普及了。这为公司带来了巨大的商业价值，公司的股票在7个月里翻了两番，由开始时每股250美元涨到1000美元。贝尔公司一跃成为全世界最大的私人商业公司。

贝尔，一个伟大的名字，让我们记住他并记住他的精神——坚韧！

电报机

——莫尔斯神奇电码

一位画家在一次偶然的机会萌发了发明电报机的念头，而这是连精通物理、电磁等方面的科学家都没有想到的。

塞缪尔·莫尔斯（1791～1872），出生于一个牧师的家庭，大学一毕业就成了一位职业画家。他曾两度赴欧洲留学，在肖像画和历史绘画方面成了当时公认的一流画家。1832年10月，他在第二次留学欧洲后，乘船回纽约。在同一舱室中，有一位波士顿科学家叫查尔斯·杰克逊。为了打发航程中无聊的时间，一天晚上，杰克逊招呼来许多旅客观看他正在搞的电学实验。他把买来的一块欧洲新发明的电磁铁和电池时而接通、时而断开，一块铁片也就一会儿被磁铁吸住，一会儿又掉下来。

莫尔斯在旁边仔细观看杰克逊演示后，还以为线圈的导线长度和电流的速度成反比。而当他被告知，电是瞬间传送的，它与导线的长短无关时，一种想法在莫尔斯脑海像闪电般掠过：如果能够使眼睛看到在导线的什么地方有电存在，那就能够利用电将消息瞬间传送到很远的地方。

从那天晚上起，他就待在船舱里，在写生簿上写写画画，反复琢磨着自己的构想。

他最初是这样设想的：用导线将发报的一方和收报的一方连接起来形成一条电路，发报一方将电路接通和断开以传送信号，在收报一方显示出眼睛能看到的信号，再记录下来。当船驶到纽约时，他的脑海中已差不多成熟地形成了关于电报机的基本构思。

遗憾的是，莫尔斯对电的知识几乎一窍不通，连制作一个基本的电池也不会。于是他向纽约大学的化学教授伦纳德·盖尔坦诚求教，请他教给自己组装电池和制造电磁铁的方法。在1835年底，正是由于盖尔的帮助，莫尔斯很快就用废料制成了第一台电报机。

这种电报机的工作原理和现在的电报机既相似又不完全相似。这种电报机的发报机把制成凸凹不平的字母板排列起来拼成文章，然后让字母板慢慢活动，触动开关断断续续发出信号；收报机把不连续的电流通过电磁铁，牵动摆尖左右摆动的前端与铅笔连接，在移动的纸带上画出波状的线条，经译码之后便还原成电文。尽管如此，它也能准确地工作。但是，电磁铁和电池是很粗糙的，所以，导线哪怕延长2～3米，收报机也会因电阻增大而失灵。如果通信距离不能进一步延长，是怎么也达不到实际运用的。

化学家盖尔也不能再继续下去了。于是，他给莫尔斯推荐了普林斯顿大学教授约瑟夫·亨利(1797～1878)。亨利和美国的法拉第几乎同时发现了电磁感应现象，他是以电感单位“亨利”留名的大物理学家。

亨利把电磁铁改换成使用绝缘导线的强力电磁铁，用继电器把每个备有电池的电路串联起来，把文字信号中继转发出去，电路中的一条导线可用地线代替，而不需要两条往返导线。

亨利的指导，让莫尔斯闯过了原理上的最大难关，但是对机械本身还没有实际应用的能力。技术及应用方面的开发与改良，需要相应的发明天才和对机械的谙熟以及资金上的支持。幸运的是出现了一个叫作艾尔弗雷德·贝尔的年轻人，他具备这些条件。

贝尔是莫尔斯任教的纽约大学的毕业生，1837 年年初访问母校时，偶然在莫尔斯的房间观看了电报机实验，对此产生了强烈的兴趣。他从在新泽西州开铁厂的父亲那里借了 2000 美元，并借了工厂的一间房屋做实验室，开始孜孜不倦、夜以继日地对电报机进行改良。

经过改进，莫尔斯的字母板式自动发报机改为手按的键，收报机由信号波形线改为高性能的小型机，基本形成今天的电报机原型。

另一方面，莫尔斯在纽约研究了用点和画表示英文 26 个字母的方法。他去印刷厂调查了铅字的使用频率。并对使用频率越高的字母配以越简单的符号，编成了至今还在使用的、合理的莫尔斯代码。

1838 年 1 月，莫尔斯和贝尔进行了 3 英里距离的收发电报实验，初战告捷。4 月，他们申请了有关电报的全部专利，从此在各地进行了电报的公开实验。1843 年，在美国国会的资助下，莫尔斯和贝尔在华盛顿和巴尔的摩之间架设 70 千米长的电线，然后两地之外互拍电报。

1846 年，以莫尔斯为主，设立了电磁电报公司，电报终于走向企业化的道路。但是直到 1848 年，法院才最后通过了莫尔斯关于电报发明的优先权，正式批准了他的专利。

传真机的问世

美国无线电公司于 1925 年研制出了世界上第一部实用的传真机。其实，在这之前已经有不少可以通过电路传送图像、文字等的机器产生，但由于传真效果不理想，纷纷被湮没了。

最早实现这样的传输装置的是保尔·尼泼科夫。保尔·尼泼科夫在大学读书时已经喜欢上了通信技术。他特别崇拜莫尔斯、贝尔等发明家，希望自己也能像他们一样，做出伟大的发明，改变人类的生活。尼泼科夫想：电报能传送文字，电话可传送人的声音，可不可以发明一种传送图像的装置呢？从此，尼泼科夫开始利用课余时间尝试设计一种传真装置，但是没什么进展。

一天，尼泼科夫正在教室里苦苦思索，无意中看见左右邻桌的两位同学正做一种游戏：他们桌上各放着一张大小相同的纸，纸上画满了大小相同的小方格。一个同学在纸上写了一个字，然后按顺序告诉对方哪一个小格是黑的，哪一个小格是白的，对方则按照指令，涂黑某些小方格，处理完后，纸上便出现了与第一个同学写的相同的字。

尼泼科夫看着看着，突然灵光一闪：任何图像都是由许许多多的小黑点组成的。如果把要传送的图像分解成许多细小的点子，借助一定的科学方式把这些点子变成电信号，并传送出来。那么，接收的一方只要把电信号再转化为点子，并把点子留在纸上，不就实现了图像的传真了吗？尼泼科夫决定实施这一方案。

尼泼科夫先研制出了一个扫描装置：在图像前，紧挨着放置一个可转动的前面安有电灯的螺旋穿孔圆盘，当光穿过不断运动的孔时就会因图案明暗而时亮时暗。接着，尼泼科夫又用光电管解决了把变化的光信号变成变化的电信号的任务，完成了发送装置。接收装置就简单了，只要像电报机电码的复原一样，采用与发送相反的方式就行了。

尼泼科夫很快做成了一个圆盘式传输装置。遗憾的是，受当时电子科学技术发展水平的限制，这台装置的传真效果还不理想。后来，美国的格雷、英国的考珀也对传真装置做出了不少改进。

美国无线电公司设计的传真机比以前有了很大突破，已经有了一定的实用价值。它由发送机和接收机组成。发送机上安装有一个滚筒，滚筒的前方有一个强光源的灯，灯的前面有一个透镜。发送机上还有光电管等电子部件。接收机上也安装滚筒和放大电信号、还原光信号的装置等。使用时，将发送的图像卷在滚筒上，灯发出的光被透镜聚集成一点，照射在图像上，反射出强弱不同的光，再通过光电管形成强弱不同的电流，转化为电信号。接收机收到后，经过放大、还原、记录等处置，就把远方来的图像留下了。

随着电子技术的进一步发展，摄影管、电子束管、激光技术等先后出现并很快应用到传真机的改进上，使传真机传送图像日益清晰、快速。

照相机

——留住那一刻

早在1000年前，人类已经发明了暗箱。那是一种小孔成像的设备，在不漏一点光线的箱子前端钻一个小孔，就能在一定距离的屏上出现小孔对面蜡烛火焰的倒影。不过那倒影只能显出发光物体的像，不能永远留下来。

16世纪，一位叫卡尔达诺的人对这种暗箱作了重大的改革。卡尔达诺创造性地用凸透镜代替了小孔，透镜能成像，能够把更大的倒像投射到暗箱的屏上，而且清晰程度也大大高于小孔。但是这种倒像也是不能保存的。

18世纪，化学家舒尔质发现银盐是一种强感光剂，如果把银盐均匀地涂抹在纸板上，并且遮住纸板的一部分，再用光照射纸板，就可以得出一种暂时的影像。

这种种改革，都是在再现人间景观的道路上的重要里程碑。他们预示着一种能永久保留影像的机器的诞生。历史终于选择了路易·达盖尔来完成这个重任。

路易·达盖尔是法国北部科尔梅耶镇的一名画家。他曾设计过一种透景画，用一套特殊的照明配合，让观看的人真正见到一幅壮观的全景图画，人们简直就像身临其境一般，这种画获得了超乎想象的巨大成功。

可是不久，达盖尔又不满意了。他想让一种机械装置自动地再现出人间的景观来，不再掺杂一点人为的因素。达盖尔认为，吸取前人成果一定能给自己的创造找到灵感。就这样，他拼命地学习起来。

吸取了前人的经验和成果后，达盖尔开始动手制作。他制作的卡尔达诺式带镜头的暗箱非常成功。只要对镜头和暗箱作合理的调整，调整到适当的距离，屏幕上就会出现镜头前事物的清晰倒影。达盖尔又试图在暗箱里装进涂有银盐的纸板，使从镜头中透过的光线可以在纸板上出现相应的影像。可是因为对银盐太不了解，他的多次实验都失败了。

这时候，达盖尔结识了志同道合的涅普斯。涅普斯用犹太沥青作为感光物质成功地制作了一些“照片”，但涅普斯的“照片”相当模糊，而且必须曝光 8 个小时，没什么实用价值。不久，涅普斯英年早逝，制造理想实用的照相机的任务，便落到了达盖尔的肩上。达盖尔继续实验。他把将犹太沥青改成感光性能更强的碘化银，使原来需要 8 小时才能成像的感光片变成只需 15～20 分钟便能成像的新材料感光片。他还解决了显影定影的一系列可行的摄影体系，使其成为一种在商业上可行的发明。1839 年，达盖尔公布了他的方法，但没有申请专利。他认为，摄影方法应为无数人努力的结果，其中至少包括涅普斯。从此，摄影技术得到了迅速推广。

电影机

——让相片“活”起来

1887 年，大发明家爱迪生成立了第五研究室，致力于电影的研究。

说起使爱迪生产生这个念头的原因，还得追溯到 19 世纪后期两个年轻人的一次打赌。当时不少美国人都喜欢赛马，两个年轻人为了争论马跃起的时候到底是四个蹄子同时腾空，还是总有一个蹄子是着地这个问题，决定赌个输赢。

可是，没有人能说出事实究竟是什么样。就连驯马师也同样说不出答案。于是，他们三人又牵来一匹马，想当场看个究竟。可是，马跑的速度太快，他们根本无法看清马蹄是否着地。

这个时候，英国摄影师麦布里治表示他有办法解决这个问题。他在跑道的一边并列安置了 24 架照相机，让它们排成一行，镜头都对准跑道。在跑道的另一边，他打了 24 个木桩，每根木桩上都系一根细绳。这些细绳横穿跑道，分别系到对面每架相机的快门上。当马经过安置有照相机的路段时，依次把 24 根细绳绊断。随着“咔嚓”一声，24 架照相机快门也就依次拍下了 24 张照片。麦布里治把这些照片按先后顺序排列起来，由于相邻的两张照片动作相差无几，它们组成了一条连贯的照片带。从照片上就可以看出，马在奔跑时总有一只蹄子是着地的。这场打赌终于分出了胜负。

不过事情并没有就此完结。一次，麦布里治无意中快速地抽动那组连续的奔马照片带，忽然看到了一幕奇异的景象：照片中的那些静止的马叠成了一匹运动的马，马竟然“活”起来了！其实这是眼睛的视觉暂留效应，即人的视觉反映能在脑中停留一段时间。因此，一张张静止的照片，如快速旋转，相邻的两张照片能在这一段很短时间内连贯起来，那么画面就“活”了。不过麦布里治当时并不知道，但他及时抓住了这个发现，他把这些照片做成透明的，按顺序均匀地贴在一块玻璃圆盘上，做成一块同样尺寸的金属圆盘，并在贴照片的位置上，开了一个和照片大小相同的洞。然后，用幻灯对着白色幕布放映，并使两块圆盘相互反转起来。就这样，人们可以看到马奔跑的连续动作。这就是最初的图像“显示器”。

后来，爱迪生受到“显示器”的启发，经过一番努力，终于制成了第一台“放映机”。放映机的形状像长方形柜子，上面装有一只突起的透视镜,里面装着蓄电池和带动胶片的设备。胶片绕在一系列纵横交错的滑车上,以每秒46幅画面的速度移动。影片通过透视镜的地方,安置一面大倍数的放大镜。快速移动的影片便在放大镜下构成一幕幕活动的画面。观众可以通过透视镜的小孔观看。但这种“电影”仍有许多缺点,它不能投影于幕上,只有很少的人才能看到,而且图像也不清晰。因为它是让胶片不停地经过片门,而不是以“一动一停,一动一停”的方式经过片门。

1894年4月,第一家电影院在美国纽约市百老汇大街正式开幕。由于只有10架放映机,因此每场只能供10人观看。尽管如此,电影院前仍然人山人海。

爱迪生并不满意自己发明的这台“放映机”,希望能解决胶片传送方式的问题,但一直没有成功。

这个历史任务最终落到法国科学家奥古斯特·卢米埃尔和路易·卢米埃尔兄弟俩身上。他们从缝纫机缝衣服“一动一停”式的运动中得到启发,找到了解决问题的方法:用类似缝纫机压脚那样的机械来拉动片带。这样,当这个牵引机件再次上升的时候,尖爪便在下端退出洞孔,而使胶片静止不动。此外,他们兄弟俩还利用许多科学家的研制成果,对原始的电影做了多项改进。

1895年12月28日,卢米埃尔兄弟在巴黎卡普辛大街14号大咖啡馆的地下室进行了电影试放,一些社会名流应他们的邀请在黑暗中看到了白布上形象逼真的画面。

世界上第一部真正的电影诞生了,电影技术从此走向成熟。卢米埃尔兄弟也被称为“现代电影之父”。

复印机的故事

现在,人们使用的复印机的主要部件之一是硒鼓。它上面涂的硒能在黑暗中留住电荷,遇光又能放走电荷。复印时,使光透过要复印的纸,照到硒鼓上。硒鼓上没有笔迹的地方放走了电荷，有笔迹的地方留住了正电荷，并吸附上带负电的墨粉。硒鼓转动时，让带正电的白纸通过，墨粉就被吸到纸上。经过高温或红外线照射，墨粉熔化，渗入纸中，就显现出笔迹。

说来有趣，复印机的发明竟是受了“楚霸王项羽自刎乌江”故事的启迪。

复印机是在20世纪30年代，由美国的一位叫斯特切·卡尔森的工程师发明的。卡尔森的妻子在一家公司当秘书，常常忙得不可开交。不仅要抄写几份同样内容的文件，有时还要画几张同样图案的表格。为了减轻妻子的负担和所有秘书们的工作量，卡尔森想到了发明一台能够翻印相同文件或图案的机器。

怎样才能使一张纸上的线条一模一样地翻印到另一张纸上呢？卡尔森开始构思复印机的设计方案。可是他一点头绪都没有。他整天为发明复印机愁得吃不下饭、睡不好觉，还常常没日没夜地搞试验。

一天晚上，卡尔森走进一家餐馆里吃饭，无意中看到一幅题为“霸王别姬”的中国画，好奇的卡尔森便向餐馆老板询问，从而得知了这个故事：

在著名的楚汉之争中，楚霸王项羽因遭到刘邦军队的伏击而几乎全军覆没。他带领爱姬和几个残兵，逃到乌江边。项羽发现江边上矗立着一座石碑。定睛一看，只见石碑上赫然写着“霸王自刎乌江”6个大字，字迹竟是许许多多蚂蚁组成的。霸王认为这是上天的旨意，便长叹一声，拔剑自刎了。这幅画画的就是霸王自刎前与爱姬生死离别的情景。其实，这是汉高祖刘邦的诡计。他派人用蜂蜜在石碑上涂了这6个字，蚂蚁爬满了涂蜜的地方，就呈现出了醒目的字。

听到这里，卡尔森忽然豁然开朗：要是将一张纸上的笔画像涂蜂蜜一样涂在那一种纸上，然后使墨粉像蚂蚁一样附在上面，问题不就解决了吗？卡尔森按照这个思路研究下去，很快就设计出了制造方案，并于1938年10月23日制造出世界上第一台静电复印机。卡尔森制造的这种复印机很笨重，复印一张资料需要花费4分钟，印刷的笔画也不是很清晰。后来，一位名叫克拉普的发明家大大提高了静电复印机的复印速度，使复印机1分钟内可印150张，并使复印机结构更简单，体积更小，可以放在书桌上。

这样，技术比较完善的复印机诞生了，它立即受到了人们的欢迎，真正成了秘书们的“好帮手”。

录音机

——为了表姐的发明

美国科学家马文·卡姆拉斯一生中共取得了500多项发明专利。1979年，他被授予“美国最佳发明家”称号。他的第一个发明，叫作“钢丝录音机”。这项发明的成功使得他搞发明的劲头一发而不可收，终于成为那个时代最伟大的发明家之一。

马文发明“钢丝录音机”，纯属偶然。他有一个喜欢唱歌的表姐，她总觉得自己唱得比收音机中播放的歌唱家还要好，梦想着有朝一日成为歌星。她常常叫马文帮忙把她的歌声录在唱片里。马文当然愿意帮表姐的忙，但录着录着，马文很快就觉得用唱片录音练习，太浪费了。他想试试别的办法，就这样开始了对录音机的研究。

最早能够储存和再现声音的机器是1877年爱迪生发明的留声机。它存在着一些明显的缺点，如录音时间短、录音质量差等。

从这个时候开始，许多科学家加入了研究声音的储存和再现的方法的行列。1888年，一位叫史密斯的科学家提出了改进留声机的设想。史密斯在一根普通的缝纫针上绕上铜线，铜线通电后，这根针会变成磁铁针。实验证明，任何一根磁铁针都具有无数的N极和S极。史密斯设想用一根钢丝缓缓通过有电流的线圈，这根钢丝就会随着电流强弱变化把强弱不同的“小磁铁”排列起来，从而实现了声音的储存，放出声音的过程与之相反：把这根带磁的长钢丝通过另一个线圈的作用后，磁力的变化变成电流的变化，最后通过连接在线圈上的电话听筒转化成声波变化，人就可以听到声音了。

这番美妙的设想最终由丹麦科学家保森转化为实物。1898 年，世界上第一台磁性录音机诞生了。1900 年，巴黎博览会展出了保森发明的磁性录音机，并受到广泛的欢迎。

可是，这种磁性录音机仍然有很多毛病：它要用质量很高的钢丝和钢带，还很笨重，使用起来非常不方便。1930 年，德国的弗劳伊玛用表面涂有铁粉的纸带或塑料带代替钢丝或钢带，研制出了磁带录音机。这种录音机声音清晰，使用方便，价格便宜，真正走进了大众的生活。

马文细致地研究了录音机发展的变迁后，决定沿着磁性录音机的方向加以进一步研究。他注意到保森的磁性录音机采用钢丝和针尖接触的办法，这样钢丝仅在与针尖接触的地方才能磁化，钢丝表面不能匀称地录下声音。马文全面改进了磁性录音机的结磁头，钢丝穿过线圈，并与磁圈保持一定间隔，这样就能利用钢丝周围的空气间隔进行录音。因为这一层气隙包围在钢丝的表层，所以它是均匀的。

1937 年，一台采用新原理的钢丝录音机诞生了。它声音逼真、音质优美，性能要比以往录音机的性能好得多。后来，马文又对这台录音机进行了改进，并制成了又轻又薄的塑料磁带。此后，他还发明了“高保真多频道立体声”放音装置。

磁阻效应

——用磁记录世界

在远古时期，人类通过结绳记事的方式来储存信息，随着时代的发展，书籍、音像制品等逐渐出现在人们的生活中，人们储存信息的方式更加多样了。磁阻效应的发现，引发了又一场信息革命。现在，人们已经可以用磁记录生活了！

U盘，英文名“USB flash disk”，全称“USB闪存驱动器”。U盘的称呼最早来源于朗科公司生产的一种新型存储设备，使用USB接口进行连接，名曰“优盘”。U盘是一个无需物理驱动器的微型高容量移动存储产品，可以通过USB接口与电脑连接，实现即插即用。USB接口连到电脑的主机后，U盘的资料可与电脑交换，是移动存储设备之一。

上网搜索资料，用MP3聆听音乐，拿数码相机记录生活……这些都得益于磁盘技术的出现。面对海量信息的严峻挑战，磁盘成了整个信息时代的“大本营”，仿佛可以轻而易举地存下整个世界。巨磁阻效应的发现，又帮助人类读取了整个信息世界。而改写信息技术进化史的这两位英雄，也获得了2007年的诺贝尔物理学奖。

英国的开尔文勋爵早在150年前就发现，在磁场作用下，一些金属物体内会发生电阻改变的现象。但是，由于“磁电阻”效应中电阻变化的幅度太微弱，只有1%～2%，因此，在此后的130多年里，开尔文的发现并没有对科学技术进步有什么实质性的推动。

20世纪80年代中期，法国巴黎大学的艾尔伯·费尔和德国尤利希研究中心的彼得·格鲁伯格在只在一些模棱两可的猜测下，尝试去“放大”磁阻效应。经过几年潜心研究，1988年，费尔的科学团队发现，在Fe/Cr磁性多层膜中，微弱的磁场变化就可以引起电阻的急剧变化，幅度是开尔文的数十倍。费尔将其命名为“巨磁电阻效应”。不久之后，格鲁伯格在尤利希研究中心也发现了同样的效应。

巨磁阻的发现与纳米技术的发现密不可分。瑞典皇家学会在诺贝尔奖官方网站的介绍中也指出,巨磁电阻算是纳米技术的第一场胜仗。当时,科学家已经可以在真空环境中制造只有几个原子厚的金属薄膜,而这在以前是根本无法想象的。

在巨磁阻效应发现前后,磁盘存储技术正处于举步维艰的境地。这种磁存储患了“阅读障碍综合征”,由于数据存储点需要有足够的磁场,所以就不能做得太小,否则磁场太弱无法检测出来。当时整个业界都比较看好光存储技术。虽然格鲁伯格发现巨磁阻效应比费尔稍晚一些,但他却非常具有经济头脑和技术眼光,发现巨磁阻之后就申请了专利。在以后的几年时间内,格鲁伯格多次向媒体提到巨磁阻没有得到足够的重视,只能通过抱怨的方式来提醒业界尽快完成从实验室到市场的技术产业化。而今,老格鲁伯格拿到的专利报酬相当于每年给他一次诺贝尔奖金。

在 20 世纪 80 年代末决定性的实验完成后,费尔和格鲁伯格就一路获奖。从新材料奖、惠普欧洲物理奖,到物理领域独尊的沃尔夫奖。其中,更有两次,他们俩与一个同样研究巨磁阻现象的工程师一同获奖。而这个两次与费尔和格鲁伯格共同获奖的工程师,就是 IBM 的帕金。

在巨磁阻发现后的第 6 年,IBM 的工程师斯图尔特·帕金首先利用巨磁电阻,研制出高灵敏度磁头,从而将磁盘记录密度一下子提高了 17 倍。每兆的存储价格随着这项新技术垂直下落,从 1997 年的 20 美分一直到 2001 年不到半美分,全球硬盘的收入也因此近乎翻了一倍。

由于巨磁阻技术的研究困难重重,因此,它的前景当时并不被看好。巨磁阻从理论研究到实际应用,帕金可说是功不可没。可是诺贝尔奖却冷落了他。加州大学纳米尺度科学工程中心主任罗伯特·哈登也为帕金没有得奖而提出异议:“也许是评奖委员会认为,观测到巨磁阻效应更加重要吧。”

从磁阻效应的发现直到最后巨磁阻效应的发现，先后经历了将近两个世纪，在此期间，人类的科学发展日新月异，在未来，这一理论的发现将会更大程度地促进人类信息化的进程。

磁悬浮列车

——飞行的火车

列车到目前为止仍然是多数人出行首选的交通工具，从诞生到现在，列车获得了不断的发展，尤其是在行驶的速度上。列车的速度在不断地被刷新着，而在列车的动力方面，则经历了由蒸汽机车到电力机车，再到磁悬浮列车这三个过程。磁悬浮列车是一种靠电磁的悬浮力来推动其前进的列车。由于磁悬浮列车轨道的磁力使之悬浮在空中，前进时不需接触地面，磁悬浮列车受到的阻力只有空气的阻力，而没有轨道的摩擦力。因此磁悬浮列车的速度很快，目前磁悬浮列车的最高速度可以达每小时 500 千米以上，比高速轮轨列车的 300 多千米还要快得多。

磁悬浮技术的研究开始于德国，早在 1922 年德国工程师赫尔曼·肯佩尔就提出了电磁悬浮理论，并且于 1934 年申请了磁悬浮列车的专利。20 世纪 70 年代以后，伴随着世界工业化国家经济实力的不断增强，为了提高交通运输能力以适应其经济发展的需要，德国、日本等发达国家相继开始筹划进行磁悬浮运输系统的开发。

虽然中国研制磁悬浮列车开始得比较晚，但是中国实现磁悬浮列车的实际运营要比世界上其他国家都要早，中国建成了世界上第一条磁悬浮列车示范运营线——上海磁悬浮列车，这条线建成以后，从浦东龙阳路站到浦东国际机场，30 多千米的路程只需 8 分钟。上海磁悬浮列车属于“常导磁吸型”(简称“常导型”)磁悬浮列车，是利用“异性相吸”原理设计的，是一种吸力悬浮系统，利用安装在列车两侧转向架上的悬浮电磁铁，和铺设在轨道上的磁铁，在磁场作用下产生的排斥力使车辆浮起来（利用同名磁极相互排斥）。“常导型”磁悬浮列车的构想由德国工程师赫尔曼·肯佩尔于1922年提出。

“常导型”磁悬浮列车及轨道和电动机的工作原理完全相同。只是把电动机的“转子”布置在列车上，将电动机的“定子”铺设在轨道上。通过“转子”“定子”间的相互作用，将电能转化为前进的动能。电动机的“定子”通电时，就可以推动“转子”转动。当向轨道的这个“定子”通电时，列车就像电动机的“转子”一样被推动着做直线运动。

磁悬浮列车的底部及两侧转向架的顶部安装电磁铁，在“工”字轨的上方和上臂部分的下方分别设反作用板和感应钢板，控制电磁铁的电流使电磁铁和轨道间保持1厘米的间隙，让转向架和列车间的排斥力与列车重力相互平衡，利用磁铁排斥力将列车浮起1厘米左右，使列车悬浮在轨道上运行。这必须精确控制电磁铁的电流。

磁悬浮列车的驱动和同步直线电动机原理是一样的。通俗地说，在位于轨道两侧的类似电动机的磁力进行排斥。

线圈里流动着的交流电，能将线圈变成一个电磁体，由于它与列车上的电磁体的相互作用，它们之间就会产生一个相互作用力，正是这个相互作用力驱使列车开动。列车头部的电磁体N极被安装在靠前一点的轨道上的电磁体S极所吸引，同时又被安装在轨道上稍后一点的电磁体N极所排斥。列车前进时，线圈里流动的电流方向就反过来，即原来的S极变成N极，N极变成S极。循环交替，列车就向前奔驰。稳定性由导向系统来控制。“常导磁吸型”导向系统，是在列车侧面安装一组专门用于导向的电磁铁。列车发生左右偏移时，其导向电磁铁与导向轨的侧面就相互作用，产生一对排斥力，使车辆恢复正常位置。列车如运行在曲线或坡道上时，控制系统通过对导向磁铁中的电流进行控制，达到控制运行的目的。

我国上海磁悬浮列车最高时速达到了每小时 430 千米，这列当今世界上最快的列车，车厢长 27.196 米，宽 3.7 米，14 分钟能在上海市区和浦东机场之间“飞”个来回。

磁悬浮列车是 21 世纪最理想的超级快车，世界各国都非常重视发展磁悬浮列车。

原子中的规律

20 世纪初，丹麦物理学家玻尔提出著名的氢原子模型理论。这一理论扩大了量子论的影响，加速了量子论的发展，为物理、化学等学科的发展奠定了基础，成为物理学发展史上的一个重要里程碑。

20 世纪初，物理学革命的重大结果之一就是建立了量子论。1900 年，德国物理学家普朗克为解释黑体辐射现象，提出了量子论，揭开了量子物理学的序幕。1911 年，英国物理学家卢瑟福根据 1910 年进行的 α 粒子散射实验，提出了原子结构的行星模型。在这个模型里，电子像太阳系的行星围绕太阳转一样围绕着原子核旋转。但是根据经典电磁理论，这样的电子会放射出电磁辐射，损失能量，以致瞬间坍缩到原子核里。这与实际情况不符，卢瑟福无法解释这个矛盾。

1912 年，正在英国曼彻斯特大学工作的玻尔将一份被后人称作《卢瑟福备忘录》的论文提纲提交给他的导师卢瑟福。在这份提纲中，玻尔在行星模型的基础上引入了普朗克的量子概念，认为原子中的电子处在一系列分立的稳态上。回到丹麦后，玻尔急于将这些思想整理成论文，可是进展不大。

同年 9 月，玻尔到哥本哈根大学担任编外副教授，主讲热力学的力学基础。在上课的同时，玻尔继续对普朗克的量子论进行探索。

1913 年 2 月的一天，玻尔的一个朋友登门造访。在谈话期间，朋友提到了 1885 年瑞士数学教师巴耳末的工作以及巴耳末公式，玻尔从中受到启发。朋友走后，他立即找到巴耳末的学术资料，就在他看到巴耳末公式的那一瞬间，他突然感到一切都清楚了，就像是看到了七巧板游戏中的最后一块。这件事后来被称为玻尔的“二月转变”。

同年7月、9月、11月，经由卢瑟福推荐，玻尔先后以《原子和分子的结构》为题发表了三篇论文，标志着玻尔模型正式提出。这三篇论文成为物理学史上的经典，被称为玻尔模型的“三部曲”。玻尔的原子理论认为：电子在一些特定的可能轨道上绕核做圆周运动，离核越远能量越高；可能的轨道由电子的角动量决定，当电子在这些可能的轨道上运动时原子不发射也不吸收能量，只有当电子从一个轨道跃迁到另一个轨道时原子才发射或吸收能量，而且发射或吸收的辐射是单频的，辐射的频率和能量之间关系由 $E=h\nu$ 给出。h 为普朗克常数。

就在这一理论公布后的第二年，夫兰克和赫兹进行了用电子轰击汞蒸气的实验，即夫兰克—赫兹实验。实验结果显示，汞原子内确实存在能量为4.9eV的量子态。1920年，夫兰克和赫兹又继续改进实验装置，发现了汞原子内部更多的量子态，有力地证实了玻尔模型的正确性。

玻尔的氢原子模型理论成功地说明了原子的稳定性和氢原子光谱线规律，大大扩展了量子论的影响，加速了量子论的发展。十多年后，物理学家们通过努力对原子世界物质运动的基本规律有了崭新的认识，建立了量子力学。

劳伦斯痛失良机

居里夫妇发现人工放射性，是在1934年1月发表的，他们因此项成就而荣获1935年度诺贝尔奖。美国物理学家劳伦斯在1934年2月看到他们的文章后，立即想到，以自己发明的先进设备，本来可以轻而易举甚至可能提前一年就做出这一发现，但却错过良机。他和他的助手们震惊、叹息、悔恨。

居里夫妇用 α 粒子轰击铝时，把质子从铝核中打出来，当停止 α 粒子的轰击后，虽然没有质子被打击，但另一种辐射却继续进行。他们断定，在轰击铝之后，铝变成了磷，但这不是普通的磷，而是有放射性的磷。我们知道，原子核是由质子和中子组成的，同一种物质元素的原子核含有相同数量的质子，但所含中子的数量则不一定相同。如磷，不管什么样的磷，它的原子核中一定含有 15 个质子，但所含中子有 15 个的，也有 16 个的。这些就叫磷的同位素。居里夫妇在实验中得到的是含 15 个中子的磷的同位素，它不会天然存在，要靠人工制造。这种新形成的磷的同位素，极不稳定，会继续分裂而放出新射线，使探测器啪啪作响。这就称为人工放射性。

劳伦斯知道，居里夫妇在实验中仍然是靠天然放射性物质发出 α 射线去轰击铝，效率很低。而他发明的回旋加速器已经运行一年。在加速器里，α 粒子可以一面做圆周运动一面不断加速，达到极高的速度后才射出去轰击别的物质，当然比天然放射性的效率高得多。几年以后劳伦斯因发明回旋加速器而获得 1939 年度诺贝尔奖，这是后话。当时，在加速器建成后一年的运行中，劳伦斯用加速的粒子做了无数次核试验，其中有很多反应已经产生了人工放射性现象，但他及他的同事们没有一个人知道。

看了居里夫妇的论文之后，劳伦斯让助手又整理了电路，按论文上报告的实验在加速器上重新去做。这次，在 α 粒子轰击铝停止以后，他们清晰地听到探测器中发出清脆的啪啪声，说明仍有放射线存在。

这清脆的响声，敲击着在场的每个人的心，大家懊悔不已。其中有人说："我们早就应该轻易地发现人工放射性的，可惜我们都是木头！"

使他们痛失良机的原因是要发现放射性，必须有探测器，在劳伦斯的回旋加速器实验室里当然有。要发现人工放射性，还必须使探测器在轰击原子核停止以后继续工作才行，因为是在"轰击"之后，新形成的放射性同位素继续发出射线。可惜的是，劳伦斯在建造回旋加速器时，将控制探测器的电源开关与控制回旋加速器的电源开关合为一个开关了。这样，回旋加速器一停止工作，就停止了“轰击”，同时，探测器也断了电，停止工作，再有多少放射线进入探测器，他和他的助手们也无从知道了。妨碍劳伦斯得出重大发现的，竟是一个简单的电路设计上的失当。

X 光的故事

底片曝光引起的发现

20 世纪刚刚开始，威廉·伦琴就当上了维尔茨堡大学的校长。对于别人，这头衔无疑是很大的荣誉，但是伦琴只觉得烦恼。他觉得自己本质上应是一位学者，投身于行政事务只会荒废自己宝贵的光阴。于是，他决定只在必要的时候完成校长名义上必须完成的任务，把一切恼人的事务都委派给自己的副手，让校务委员会去决定一切，只有这样他才能把属于自己的时间全都用到科学研究上，才能实现真正的自我价值。

1895 年 11 月 2 日这天，实验室发生了一桩怪事：放在纸屏前一张桌子上的一包感光片，在没有人动过包装纸的情况下，却毫无道理地完全曝了光。伦琴以为是感光片质量有问题，没有太注意。

可是没过几天，实验室中又发生了一件怪事。这天，伦琴在实验室泡了一整天，研究阴极射线。他在发射管外包了一张黑色的硬纸筒，以便使射线集中向一个方向。

在回家的路上，伦琴突然想起自己好像没有关电源。灯关了，电源不切断，发射管便会损坏。他只好返回实验室，以免自己宝贵的实验设备出现毛病。

打开实验室大门，伦琴立即看到，阴极发射管附近有微光。电源果然没关。他正要去切断电源，突然觉得那微光似乎不是灯光，他已经能辨别室内部位，那种微光在安放发射管的地方，阴极发射管的光怎么会是荧绿色的呢？

伦琴打开电灯，发现刚才发光的居然是仪器旁边桌上的一块纸屏，伦琴曾在纸屏上镀过发光晶体，这种晶体在高能粒子流的放射下就会发出那种荧绿的光。可高能射线流是从哪里来的呢？阴极射线管四周套着黑色硬纸板圈，根本不可能射向纸屏的方向。伦琴立刻决定留下来，把这莫名其妙的情况弄个水落石出。

伦琴没有切断电源，只是把灯关了，纸屏上的微光又出现了。接着，他把电源切断，阴极发射管停止工作，那团荧光也立即消失了。是不是阴极发射管能发射一种人的肉眼无法感知的，并且能够穿透黑色硬纸板的射线束呢？一定有一种从未知道的射线存在！他想起前几天发生的那件怪事，现在看来，作怪的可能是同一种射线。伦琴开始意识到，他已经接近了一种新的物理现象。

伦琴在实验室一连住了十几天，测试这种射线的特征、穿透力。他找来种种物质放在感光片前面，照射后拿去冲洗。结果金箔、银箔、铁片、木板都一一试过了，都没能挡住这种未知射线的穿透。

最后，他取来一块铅板，铅板太小，没能完全遮住感光片，他只得用手扶它。谁知底片冲洗出来以后，他意外地发现，底片上铅板部分没被感光，还留下了自己手部的骨骼图像。结论已经有了：神秘未知的射线不能穿透铅板，也不能穿透钙质，因为射线穿不透人的骨骼，而骨骼主要是由钙构成的。

伦琴经过认真的观察、仔细的研究，发现电管放出了一种穿透力极强的新射线，它能够穿透装底片的袋子！因为当时伦琴也不知道这是一个什么样的射线，就把这个极具穿透性的射线暂时命名为“X射线”。

接着，伦琴开始对这种神秘的X射线进行了更加广泛、更加深入的研究。

X射线的特征是波长非常短，频率很高。因此X射线必定是由于原子在能量相差悬殊的两个能级之间的跃迁而产生的。所以X射线光谱是原子中最靠内层的电子跃迁时发出来的，而光学光谱则是外层的电子跃迁时发射出来的。X射线在电场磁场中不偏转。这说明X射线是不带电的粒子流。1906年，实验证明X射线是波长很短的一种电磁波，因此能产生干涉、衍射现象。这种光的衍射现象中，X射线有了穿透不透光物体的特异功能。

伦琴把一个涂有磷光物质的屏幕放在放电管附近的时候，发现屏幕马上发出了亮光。接着，他又拿一些平时不透光的较轻物质，比如书本、橡皮板和木板放到放电管和屏幕之间去挡那束看不见的神秘射线，可是这些物质根本不能把它挡住，在前方的屏幕上几乎看不到任何阴影，这种射线甚至能够轻而易举地穿透15毫米厚的铝板！直到他把一块厚厚的金属板放在放电管与屏幕之间，屏幕上才出现了金属板的阴影——看来这种射线的穿透力还是有限的，还是没有能力穿透太厚的物质。通过实验伦琴还发现，只有铅板和铂板才能使屏幕不发光，当阴极管被接通时，放在旁边的照相底片也将被感光，即使用厚厚的黑纸将底片包起来也无济于事。

接下来更让人意想不到的事情发生了，有一天伦琴在自己的实验室一直工作到很晚很晚，他的妻子就来实验室看他，于是伦琴的妻子便成了在那不明射线辐射作用下在照相底片上留下痕迹的第一人。当时伦琴让他的妻子用手捂住照相底片。当显影后，夫妻俩在底片上看见了手指骨头和结婚戒指的影象，这张照片是人类第一次拍摄出来的骨骼照片。

很快，伦琴将实验结果公布于众。大学里的医学专家们得知后十分激动。他们从中找到了一种强有力的科学手段：凭借伦琴发现的射线，穿透人的皮肉可以看到骨骼的真相，并确定与骨骼有关的病情。而以前这一切都是无法想象的。他们建议把这种新发现的射线称作“伦琴射线”以纪念伦琴的功绩，但伦琴当场表示，新射线的许多性质他还不清楚，他还要以学生的虔诚去求解这个代数式，因此他决定把射线命名为“X射线”。

这一个偶然的发现在医学的应用价值可是十分重大的，它就像给了人们一副可以看穿肌肤的“眼镜”，能够使医生的“目光”穿透人的皮肉透视人的骨骼，清楚地观察到活体内的各种生理和病理现象。根据这一原理，后来人们发明了X光机，X光机成了现在医院常规检查不可缺少的设备之一。

X光检查是医学上常用的辅助检查方法之一。摄片能使受检部位的结构清晰地显示于X光片上，并可作为客观记录长期保存，以便在需要时随时加以研究或在复查时作比较。选择何种X光检查方法，必须根据受检者的具体情况，从解决疾病的要求和临床需要而定，比如胸腔X射线，就被用来诊断肺部疾病，如肺炎、肺癌或肺气肿等。必要时还可做特殊X光检查，如断层摄影、记波摄影以及造影检查等。

因为发现了X射线和X射线对人类作出的巨大贡献，在1901年诺贝尔奖的颁奖仪式上，伦琴成为世界上第一个荣获诺贝尔物理学奖的人。

1895年，爱迪生研究了各种材料在X光照射下发出荧光的能力，进而发现钨酸钙的荧光能力最为明显。1896年3月，根据这项发现，爱迪生发明了荧光观察管，也就是被后人们用于医用的X光的检验。然而1903年，爱迪生公司的一名玻璃工人由于喜欢将X光管放在手上检验而得上了癌症，尽管进行了截肢手术，但仍然没能挽回生命，因此爱迪生中止了自己对X光的研究。不过，人类关于X射线的研究并没有停止。1906年，物理学家贝克勒尔发现X射线能够被气体散射，并且每一种元素有其特征X谱线。这个发现使得他获得了1917年的诺贝尔物理学奖。

X射线被广泛地应用在各种领域，对于人类来说有着重要的意义。

用途最广的就是在医学领域，尤其是用于医疗诊断的X线机。在伦琴发现X射线后仅仅几个月时间内，这条发现就被应用于医学影像。而在不到一年之后的1896年2月，苏格兰医生约翰·麦金泰尔就在格拉斯哥皇家医院设立了世界上第一个放射科。除了在医学方面的用途之外，X射线在天文学上也起着尤为重要的作用。在20世纪90年代，哈佛大学建立了X射线天文台，用来观测宇宙中强烈的天文现象中产生的X射线，由此来向人们展示恒星如何被黑洞搅碎，星系间的碰撞，超新星和中子星等问题。另外，X射线在军事领域也有应用。在20世纪80年代，X射线激光器被设置为美国罗纳德·里根总统的战略主动防御计划的一部分。然而由于对该装置试验并没有给出结论性的结果，再加上政治上的原因等，整体的计划被搁置了，但是在布什总统任职期间，这个计划又作为国家导弹防御计划的一部分被重新启动了。

但是如此用途广泛的X射线却有着重大的问题，就是如果长期受到辐射就会对人体有害，尤其是对于孕妇和儿童，因为这两类人是最敏感的，很容易受到X射线的侵蚀，因此每次实验都会统一为他们穿上铅衣或铅裙，进行“优待”处理。而且X射线还是诱发癌症和冠心病的主要原因，因此应该更加防范和注意。但是由于X射线对于观察和维护人类的健康也有着极其重要的意义，所以应当以不牺牲X光的这些用途为前提，尽量减少辐射剂量为最适合的对待它的态度。

“火眼金睛”不再是梦——CT机

目前，CT机无疑是医生判断病情的得力助手。它能帮助医生在几秒钟内诊断病情，判断肿瘤是良性还是恶性，及时挽救癌症患者的生命，被称为医生手中的“照妖镜”。那么，它又是如何产生的呢？这还要从它的前身X射线说起。

癌症是人类的天敌，每年全世界都有600万人的生命被癌症所吞噬，以至于人们到了谈癌色变的程度。临床实践表明，任何疾病如能早期发现，治愈率就高；反之，死亡率倍增。癌症也不例外，只要能在早期发现癌肿，可以通过手术根治。怎样才能早期发现癌肿呢？如果有一种仪器可以观察到人体的内部器官，不就等于给医生安上了一双“火眼金睛”吗？这样一来，就可以发现肿瘤使病人得到及时的治疗了。

1895年，维也纳报纸在显著的版面报道了一则令人兴奋的消息——德国科学家伦琴发现了神奇的X射线，能透过血肉看见人体的骨骼。不久，消息传遍欧洲。德国皇帝威廉一世特意邀请伦琴携带仪器到皇宫表演。伦琴精湛的演示受到了人们极大的赞赏。只见他走到荧光屏前，用自己的手指去阻挡这种新射线，而荧光前却出现了手指的形状，连骨头也可以看得一清二楚。伦琴弯曲手指，紧握拳头，荧光屏也跟着动起来，甚至连灼灼发光的钻戒也显示在照片上。奇妙的X射线令人们赞叹不已。而这一惊人的发现，也为人类发明一种能分辨病变的“照妖镜”提供了可能。

1896年，X射线被正式应用到临床医学上，用来检查人的骨骼、肺部的疾病，成千上万的病人由于得到了及时的发现和治疗，恢复了健康。

可是X射线毕竟太过于简陋了，透过它所看到的影像只是骷髅似的骨骼或者肺病的阴影。想要准确无误地观察人体其他部位的情况，X射线还远远不能够满足医生们的需要。

1957年，美国物理学教师科马克在一家医院兼任技师。他亲眼目睹了大批晚期癌症患者，因为没能得到及时诊治而痛苦地离开人世。一幕幕惨象使他下定决心，为了能更清楚的地给人体摄像而不懈努力。经过多年的研究，他发现人体各部分组织对X射线的吸收程度各不相同，而癌组织和正常组织对X射线的吸收差别相当大。他想，如果用计算机一起来分层计算它的吸收程度，癌症不就很容易被检查出来了吗？于是，他敏锐地想到把电子计算机和X光机结合起来，全面检查人体，已达到在癌变早期及时发现的目的。几乎在同一时期，英国的一位电子学工程师洪斯菲德也有类似的设想。两位素不相识、甚至远隔重洋的科学家，在各自不同的岗位上为这同一个高尚的目标而不懈地奋斗着。

1971年，世界上第一台由电子计算机控制的“X射线层面扫描机”（简称“CT机”）诞生了。CT机可围绕人体做360度的连续旋转扫描，将人体内需要检查的部位分成数以千计的小点，通过X射线显像机，能清楚地显示出人体内5～10毫米的病灶，即使是人体的脑、心、肝等器官，哪怕只有一丁点儿病变迹象，也逃不过CT机那双犀利的“眼睛”。这就真正做到了给医生安上了“火眼金睛”。

这是一项伟大的发明，它宣告了一个崭新的医疗时代的到来。今天，CT机已几经发展到了第五代，检查病人所需要的时间也大大缩短，它为人们及时有效地攻克癌症提供了良好的条件。

人们在摸索中，不断认识自己，完善自己，和病魔进行着艰苦的斗争。我们相信随着先进仪器的不断发明，人类将会为自己创造出更加灿烂的明天。

微波炉为什么不能使用金属容器

微波炉现在已经成了每个家庭厨房里必备的厨具之一，微波炉因为干净卫生、方便快捷的优点受到越来越多家庭的欢迎，那么微波炉是怎么加热食品的呢？在使用微波炉的时候需要注意些什么呢？

微波炉的发明者是美国著名科学家斯本塞。斯本塞于1921年生于美国的亚特兰大。1939年，年轻的斯本塞参加了海军，成为了一名光荣的海军战士，本想着在军队上有所作为的斯本塞在一次训练中不幸受伤，半年后不得不离开了部队。回到亚特兰大城后，斯本塞进入美国潜艇信号公司工作，从这个时候起斯本塞开始接触各类电器，此后不久斯本塞又进入专门制造电子管的雷声公司。由于工作表现出色、工作成绩突出，1940年，斯本塞由检验员晋升为新型电子管生产主要技术负责人。由于斯本塞的天才再加上他的勤奋，他先后完成了一个个重大发明，令许多老科学家刮目相看。在那个时候,英国科学家们正在积极开展军用雷达微波能源的研究工作。不久,伯明翰大学两位知名教授设计出一种能够高效产生大功率微波能的磁控管。但由于二次世界大战还没有结束,英德还处于决战的关键阶段,德国飞机正对英伦三岛进行了一波又一波的狂轰滥炸。因此,这种新产品在国内还没有生产的条件,为了尽早让这个发明变成现实,这两名教授只好寻求与美国合作。1940 年9 月,这两名英国科学家带着磁控管样品访问美国雷声公司的时候,与才华横溢的斯本塞一见如故、相见恨晚。斯本塞是一个十分有眼光的年轻人,他看了这两名科学家的发明后,就预言这个发明的应用前景将是无比广阔的,斯本塞找到了自己的老板,说服了他们,正是在他的努力下,英国和雷声公司共同研究制造的磁控管获得了成功。

一个极其偶然的机会,斯本塞萌生了发明微波炉的想法。1945 年的一天,他观察到微波能使周围的物体发热。一次他研究磁控管时,口袋中的巧克力居然受热融化,弄湿了他的裤子,而并没对人体产生影响。这个现象使他开始着手对微波的热效应进行了研究。他把一袋玉米粒放在波导喇叭口前,然后仔细观察玉米粒的变化。斯本塞发现玉米粒与放在火堆前的反应一模一样。第二天,斯本塞又将一个鸡蛋放在喇叭口前,结果鸡蛋受热突然爆炸,溅了他一身。这更让斯本塞坚定了他的微波能使物体发热的念头。雷声公司受斯本塞实验的启发,决定与他一同研制能用微波热量烹饪的炉子。几个星期后,一台简易的炉子制成了。斯本塞用姜饼做试验。他先把姜饼切成片,然后放在炉内烹饪。在烹饪时他屡次变化磁控管的功率以选择最适宜的温度。经过若干次试验,食品的香味飘满了整个房间。1947 年,雷声公司推出了第一台家用微波炉。可是这种微波炉成本太高、寿命太短,从而影响了微波炉的推广。

1965 年,科学家乔治·福斯特对微波炉进行了一次重大的改造,对微波炉的普及产生了巨大的影响,他与斯本塞一起设计了一种耐用和价格低廉的微波炉。1967 年，微波炉新闻发布会兼展销会在芝加哥举行，获得了巨大成功。从此，微波炉逐渐走入了千家万户。由于用微波烹饪食物又快又方便，不仅味美，而且有特色，因此有人诙谐地称之为“妇女的解放者”。

微波炉为什么能够加热食品呢？微波加热的原理简单地说就是：当微波辐射到食品上时，食品中总是含有一定量的水分，而水是由极性分子(分子的正负电荷中心，即使在外电场不存在时也是不重合的)组成的，这种极性分子的取向将随微波场而变动。由于食品中水的极性分子的这种运动，以及相邻分子间的相互作用，产生了类似摩擦的现象，使水温升高，因此，食品的温度也就上升了。

但是微波炉内用的食品容器是很挑剔的。一般可以用陶瓷的或专用塑料的。而不能用金属的或搪瓷的。这是因为微波碰上金属制品将发生“短路”或反射现象。如果把食物盛在金属容器里加热，即使烧上一小时，容器里的食物温度也不会升高，这是因为微波遇到金属容器后会立即全部反射回去，就形成了电子技术上的“高频短路”，这会导致发射微波的电子管阳极产生高温，烧到发红而损坏。因此，在使用微波炉加热食物时，一定要选择正确的器皿来盛装食品。

放射性

天然放射性是原子核的性质，它的发现使人类从对原子的认识进入到了对原子核的研究，这是人类认识史上划时代的伟大发现。科学界也因此而引发了一场真正的革命——由贝克勒尔开创的原子能研究的应用新领域，使人类迈向了现代文明。

1903 年，诺贝尔物理学奖一半授予安东尼·亨利·贝克勒尔，另一半授予居里夫妇。获奖的原因是贝克勒尔首次发现了天然放射性，而表彰居里夫妇，则是因为他们对贝克勒尔发现的辐射现象所作的卓越贡献。

贝克勒尔是法国人。在25岁时，他取得了工程师资格，到1896年，44岁的贝克勒尔对物理学已经有很深的研究。

1896年1月20日，法国科学院举行了一次重要学术讨论会。作学术报告的是著名的数学家和物理学家彭加勒。他给来自全国各地的与会者展示了伦琴刚刚寄给他的X射线照片，引起学者们的极大兴趣。在讨论会上，贝克勒尔向彭加勒大胆请教，射线是从阴极射线管的哪一个区域发出的？彭加勒回答说，X射线看来是从管子正对着阴极的区域发出的，这个区域的玻璃都发荧光了。

贝克勒尔受到很大的启发，当即产生了这样的推断：X射线和荧光之间可能存在着某种联系，能够发出荧光的物质可能同时也可发出X射线。贝克勒尔一贯的研究方法是实践，他只信赖观测，尽可能小心地回避推理，但这一次他却非常相信X射线与荧光之间很可能有一种关系，并决定立即用实验来证实这一推断。

会议结束后，贝克勒尔就开始投入到实验之中。他有极优越的条件可以立即着手进行实验，他祖父曾研究过磷光，在他写的六本书中有两本是磷光方面的专著；而他的父亲则是荧光方面的专家，而且特别熟悉铀。贝克勒尔继承父业，也非常熟悉荧光物质，而且实验室里还有现成的硫酸铀酰钾。

于是，他精心设计了一套研究方案：把照片底片用黑色的厚纸包严，使其不受阳光的作用，但可以受到X射线的作用，因为伦琴已经证明X射线可以穿过厚纸包层使照片底片感光。

在照片底片包封附近放两块能发出荧光的材料，其中一块用一枚银币与纸封隔离，然后把它们拿到阳光下曝晒，使材料发出荧光。如果发荧光的物体可以产生X射线，那么底片上将留下明显不同的感光痕迹。

贝克勒尔拿出家中收藏的大量可以发出荧光和磷光的物质材料进行曝晒。最初的实验得到的结果是否定的，照片底片没有感光，发荧光和磷光的物质并不同时发射X射线。后来，他重新选择氧化铀作为主攻对象，这次他发现照片底片感光了。1896年2月24日，贝克勒尔向法国科学院报告了这一发现，认为X射线与荧光有关。

尽管贝克勒尔已经找到了他所猜测的X射线与磷光物质之间的关系，但是他并没有终止实验。2月26日，当他进一步做实验时，凑巧碰上了连绵的阴雨天，他只好把实验的东西原封不动地锁进抽屉。五天后，天放晴了，贝克勒尔继续中断的试验。一向严谨细心的他取出底片时，想预先检查一下实验品，没想到意外情况发生了：在没有阳光的情况下，底片不仅曝光而且上面有很明显的铀盐的痕迹。这说明铀本身在发光！

第二天，在科学院举行学术讨论会上，贝克勒尔公布了天然放射性的发现。居里夫妇将其称为“放射性”。天然放射性的发现，标志着原子核物理学的开始。科学界为了表彰贝克勒尔的杰出贡献，将放射性物质定名为“贝克勒尔射线”。

放射性元素

19世纪末到20世纪初世界科学事业收获了重要的放射性元素。镭和钋的发现就是其中最引人注目的，它们从根本上改变了物理学的基本原理，引起科学和哲学的巨大变革，为人类探索原子世界的奥秘打开了大门。

1896年，贝克勒尔发现了放射性，吸引了包括居里夫妇在内的一批杰出的科学家。就在这一年，为了获得博士学位，居里夫人审慎地选择着研究课题。有一次，贝克勒尔的一篇报告引起了她的注意。报告中写道，铀和钠的化合物具有一种特殊的本领，能自动、连续地放出一种眼睛看不见的射线。

这是怎样一种神奇的光线呢？这些能量来自于什么地方？这种与众不同的镭是一种化学元素。它能放射出人们看不见的射线，不用借助外力，就能自然发光发热，含有很大的能量。镭射线在医学方面有很多的用途，它能够有效地抑制、破坏繁殖迅速的癌细胞，其破坏能力比对正常健康组织的作用要大得多。

居里夫人感觉这是一个非常难得的研究题目，她决定要揭开这个谜，于是就正式确定了自己的研究方向。要研究放射性元素，需要一间宽敞的实验室，她的丈夫皮埃尔·居里在一所理化学校借到一间小工作间。这个工作间又冷又潮，条件非常简陋，但是居里夫人毫不在乎，专心做她的实验。

在研究过程中，她发现，能放射出那奇怪光线的不只有铀，还有钍。她将这些特殊的元素标记为“放射性元素”。铀射线的研究工作开始后，居里夫人细心地测试各种不同的化合物。在测量中，出现了一个十分意外的情况：在对铀和钍的混合物进行测量时，她观察到有些铀和钍的混合物的放射性辐射强度比其中铀和钍的含量所应发射的强度高出很多。经过反复考虑，她认为，这种反常现象只有一种合理的解释：就是那些矿石中必定含有少量还没有被发现的化学元素，同时这种元素是具有放射性的。

皮埃尔·居里对这一大胆的设想表示赞同，同时，他也意识到这一研究的重要性，毅然放下自己的研究课题，和妻子一起投入到寻找这种新元素的艰巨的化学分析工作中。

他们用分离沥青铀矿的方法来寻找新元素，结果发现含已知元素铋和钡部分的放射性特别强。1898 年 7 月，他们从含铋的部分中确认了一种新的放射性元素。为纪念居里夫人的祖国波兰，这种新的放射性元素被命名为“钋”。到 1898 年年底，他们又从含钡的部分确认了另外一种新的元素，它是迄今为止他们所发现的放射性最强的未知元素。他们把它命名为“镭”，在拉丁文中，它的原意就是“放射”。

将钋从铋中提纯出来要比把镭从钡中提纯出来麻烦得多，而且镭的放射性比钋要强，居里夫妇决定先从钡中提纯镭。他们必须从沥青铀矿中分离出镭来。沥青铀矿中镭含量极少，许多吨的矿石，需要经过混合、溶解、加热、过滤、蒸馏、结晶等一系列的工作，才可能分离出极小份数的镭。

为了提取纯镭，测定镭原子的原子量，向科学界证明镭的存在，他们夜以继日地努力工作。到1902年，通过45个月艰苦繁重的劳动，在数万次的提炼后，他们从数吨沥青铀矿渣中提炼出了0.1克纯净的氯化镭，在光谱分析中，它清楚地显示出镭特有的谱线。居里夫人测出它的原子量为225，其放射性比铀强二百多万倍，这一伟大的举措证实了镭元素的存在。

镭的发现从根本上改变了物理学的基本原理，对于促进科学理论的发展和在实际中的应用有十分重要的意义。如今，镭已经成为医生们与癌症作斗争的有力工具，为保持人的健康和延长病人的寿命起着越来越大的作用。

原子弹

——划时代的工程

第二次世界大战的关键时期，美国建立了代号为“曼哈顿工程”的原子弹研究机构，专门从事核武器的研究工作。曼哈顿工程为人类揭开了神奇的原子之谜，是科学史上伟大的突破，但同时，更开启了战后的危险时代——核原子时代，改变了人类文明的历史。

20世纪30年代，以原子科学为基础的核技术取得了一系列突破性的进展。早在第二次世界大战爆发之前，德国人就在秘密寻找更具威力的武器。1938年，德国著名科学家奥托·汉姆和弗里茨·斯特劳斯证实了铀裂变的现象，并掌握了分裂原子核的基本方法，这就为制造威力惊人的原子弹提供了条件。此时，苏联、美国、日本纷纷展开原子弹的研究。

就在第二次世界大战期间，流亡到美国的科学家西拉德等人为防止德国人抢先造出原子弹，动员著名科学家爱因斯坦上书美国总统罗斯福，信中阐述了研制原子弹对美国安全的重要性，但是起初罗斯福总统对此并不重视，直到1941年12月6日，日本偷袭珍珠港的前一天，才批准了美国科学研究发展局全力进行研制原子弹的步伐。1942年8月，美国制定了研制原子弹的“曼哈顿工程”。

罗斯福决定把整个核计划（代号为“曼哈顿工程”）交给美国陆军工程兵负责，该计划总部设在华盛顿。这个计划的保密程度之严格，以至于连当时的国会议员杜鲁门也是几年后才了解其真实情况的。整个工程由美国陆军工程兵建筑部副主任格罗夫斯将军负责。

格罗夫斯上任伊始，即选奥本海默为总设计师。奥本海默知识渊博、思想活跃，具有战略眼光和洞察力，以及潜在的组织才能。奥本海默组织专家们研究了原子弹的基本形状、结构、尺寸等等。他们认为，原子弹形状应当像一个圆球，铀芯被包在又厚又重的金属壳内。外壳有两个作用：一方面它能在爆炸的最初千分之几秒内将爆炸物质约束住，不使其飞散；另一方面它又能把泄漏到铀芯以外的中子部分反射回去参与裂变过程。

在几周之内，奥本海默带领同事们不仅研究和整理了已有的研究成果，而且弄清楚了最后制成原子弹之前还需要经过多少步骤。奥本海默在洛斯阿拉莫斯实验室里，设了一个军械处，专门研究原子弹的起爆机制。经过艰难的探索过程，他们终于完成了内爆设计的任务。

在紧张秘密地研制原子弹的同时，美国与英国密切合作，严密监视纳粹德国的核计划。1945年7月，经过10万人三年的努力，耗资20亿美元的曼哈顿计划终于成功了。7月16日，曼哈顿工程制造的第一颗试验性原子弹在新墨西哥州爆炸成功。一道闪电划破了黎明的长空，一团巨大的火球升上8000米高空，大地也在微微颤抖。美国整个西部都听到了巨大的爆炸声响，很多人惊奇地以为太阳提前升起了。

正在参加波茨坦会议的美国总统杜鲁门得知这个消息，异常高兴。他认为，原子弹不仅是一种可以对付日本的军事武器，也是一种可以抑制苏联、提高美国国际地位的外交武器。8月2日在他归国途中，杜鲁门决定立即对日本使用原子弹。

1945年8月6日和9日，美国分别在日本的广岛和长崎投下了原子弹。原子弹在广岛和长崎的爆炸，震惊了全世界。随着苏联军队出兵中国东北，日本天皇于8月15日宣布无条件投降，为期六年的第二次世界大战终于结束！

正如爱因斯坦所言：原子弹对美国来说，取得了一项工业技术史上最炫目的成就；而对于毫不知情的日本人而言，它预示着一场噩梦的到来；对于世界而言，它带来了和平；但同时，它也使最具破坏力的武器首次诞生。所以说，曼哈顿工程是一个划时代的工程，它的成功促进了第二次世界大战后系统工程的发展，改变了人类文明的历史。

光电效应

19世纪末，赫兹发现了光电效应，之后许多物理学家纷纷投入光电效应的研究之中。1921年，阿尔伯特·爱因斯坦提出了对光量子理论以及对光电效应的理论解释。这一贡献具有重大的科学意义，是现代物理学诞生的直接原因。

光电效应是指在光的作用下从物体表面释放电子的现象，确切地说，这个现象应该叫做光电发射效应。1887年，赫兹在证明波动理论实验中首次发现了光电效应。

1887年初的一天，赫兹在做电磁波实验时，注意到电极之间的放电会受光辐射的影响。他觉得非常奇怪，当时，赫兹用的是两套放电电极，一套产生电振荡，发出电磁波；另一套当作接收电极。接收电极的放电间隙可随意调节，它的最大放电间隙即可表示信号的强度。为了便于观察放电火花，赫兹把接收电极的回路蒙起来。

有一次，赫兹发觉接收回路蒙住后，最大火花长度明显变小了。他没有放过这一偶然现象，潜心地研究起来，想找到出现这一现象的原因。

他用各种材料进行实验，发现导体和非导体作用相同，说明这一现象并不是因为静电或电磁的屏蔽作用引起。

后来，赫兹又用不同的材料进行实验，发现水晶和透明石膏几乎完全不影响放电，但如果用紫外光照射电极，火花则容易跳过。赫兹对这一现象非常感兴趣，他又反复进行了几次实验，最后他得出结论：在光的照射下物体会释放出电子的现象，当光照射负电极时作用更加明显。

赫兹是一位工作非常谨慎的物理学家，由于他无法解释这种现象，就如实在论文《紫外光对放电的影响》中作了记录。这就是发现光电效应的最早记录。这篇论文发表后，立即引起人们注意，许多物理学家纷纷投入对光电效应的研究之中。

赫兹的助手勒纳于1889年开始这方面的研究，直到1920年，勒纳指出光电效应是金属中的电子吸收了入射光的能量而从表面逸出的现象。但是，针对这一结论，科学家却无法根据当时的理论加以解释。正当科学家一筹莫展的时候，年轻的德国物理学家爱因斯坦以超人的智慧，提出了光量子理论并对光电效应做出了令人信服的理论解释。

1900年，普朗克在研究电磁辐射的规律时发现了量子假说。量子假说提出后的几年内，并没有引起人们的兴趣，爱因斯坦却预见到了它的重要性。他赞成量子假说，并从中得到了很大启示。经过多次论证和研究，爱因斯坦写出了著名的光量子理论以及光电效应方程。他以全新的物理概念解释清楚了光电效应表现的一切现象。

这一现象提出后，并没有得到科学界的承认。因为爱因斯坦当时只有26岁，并且是专利局的小职员。然而，实践是检验真理的唯一标准。爱因斯坦的光量子理论及光电效应方程最终被人们所认可。它变革了人们思想上根深蒂固的经典观念，认识到物质微观世界的规律，这一认识直接导致现代物理学的诞生，并使20世纪的科学进入一个崭新的时代。

对于今天的科学技术来说，光电效应的重要性也日益增大，由光电效应发展而成的光电子发射技术已成为实验物理学最先进、最富有成就的领域之一。这种科学手段在探测原子、分子、固体和金属表面的电子结构方面起着极其重要的作用，有力地促进了材料科学、半导体科学的飞速发展。

揭开黑洞的面纱

黑洞作为一个特殊的天体，无疑是21世纪最具有挑战性，也最让人激动的天文学说之一。如今，许多科学家正在为揭开它的神秘面纱而辛勤工作着，新的理论也不断地提出。

1990年8月17日，美国的“哈勃太空望远镜”向地球发回了一张位置处于北半球的NGC7457星系的照片。美国科学家认为，这可能又是一张有关神秘天体的照片，这个神秘天体就是黑洞。

什么是黑洞？黑洞是时空的一个区域，这个区域内的引力非常强大，以至于任何东西，甚至光都不能从中逃逸出来。黑洞其实也是个星球，只不过它的密度极大，靠近它的物体都被它的引力所约束，甚至连光都跑不出来，于是射进去的光没有反射回来，我们的眼睛就看不到任何东西，只是黑色一片。这也是这种物体被称为“黑洞”的缘故。

最初指出黑洞的存在，并假设为一个质量很大的神秘天体，是在1798年，当时法国的拉普拉斯利用牛顿万有引力和光的微粒说提出这一见解。他说：“一个密度如地球，而直径为250个太阳的发光恒星，由于其引力的作用，将不允许任何光线离开它。由于这个原因，宇宙间最大的发光天体，我们却看不见它。”他称这种天体为“黑暗的一团”，并猜测宇宙太空中可能有很多这样的暗天体。这样的暗天体就类似于我们今天所说的黑洞。

1916年，爱因斯坦发表了广义相对论。不久，德国物理学家史瓦西得到了广义相对论方程的一个精确解。他预言存在五种不旋转、不带电的黑洞。当时就已算出，若要成为黑洞，一个质量如太阳的星体，其半径必须缩到大约 3000 米，而地球则需压缩到半径为 0.89 厘米。

然而，史瓦西提出的黑洞概念在当时并没有受到人们的普遍重视。直到 20 世纪 70 年代，著名的物理学家斯蒂芬·霍金才把量子力学与广义相对论结合起来，进行黑洞表面量子效应的研究，最终才使得黑洞理论的研究向前推进了一大步。

霍金出生在英国牛津，他出生那天正巧是伽利略逝世 300 周年纪念日。1963 年，霍金到剑桥大学读研究生的时候，被诊断为卢伽雷氏症，不久就完全瘫痪了。而霍金就是在这样一种常人难以置信的艰难中，完成了种种科学研究。

1965 年，霍金开始有关黑洞问题的研究。1975 年，霍金提出，黑洞一旦形成，就会开始"蒸发"，即辐射出能量，同时损失质量，这种辐射亦称为"霍金辐射"。然而，霍金的理论也引出了一个似是而非的观点，因为他同时宣称：黑洞"无所不吞"，被黑洞吞没的任何信息都将不复存在。

2004 年 7 月 21 日，霍金宣称推翻了自己坚持 30 多年的"霍金辐射"，同时公布了他对宇宙黑洞的最新研究结果：黑洞并不像他和其他大多数物理学家以前所想象的那样"无所不吞"，而是随着时间的推移，一些被黑洞吞没的物质会以另一种形式慢慢地从黑洞中释放出来，就像我们生活中的燃烧一样，只是信息的转化而已。这一新理论一经发布，立即在天体物理学界引起了轰动，关于这一理论的正确与否，科学界还有待于进一步研究和证实。

风力发电

风力发电的运用从 1980 年起一直迅猛增长。1994 年，世界各地有近 2 万台风力涡轮机，大量风力涡轮机集中在一起组成风力发电厂，可共同发电 3000 兆瓦。风力发电厂主要集中在丹麦和美国的加利福尼亚州，丹麦全国电力的 3%来源于风力发电，美国加州风力发电厂 17000 台涡轮机的发电量占全州电量的1%，足以满足旧金山这种大城市的居住用电需求。全美的电力需求基本上都可以通过挖掘北达科他州、南达科他州和得克萨斯州的风力发电潜力来满足。

大型风力发电厂可在6个月至一年内建成，后续可根据需要随时扩建。发电厂里的设备在实现大量电能高产的同时，不仅做到了温室气体二氧化碳和其他空气污染物的零排放，并且无需用水对设备进行降温；同时，风力发电基本不会造成水资源污染。风力涡轮机的所在地还可用于放牛等其他用途，农民们和农场主可以通过土地出租供风力发电来增加额外收入。

风力发电和核电站发电相比具有明显的成本优势，在很多地方与燃煤发电也不相上下。随着新技术的进步和大规模生产，预期的成本下降会使风力发电成为世界上成本最低的发电方式。未来，偏远地区的大型风力发电厂发电量高于用电高峰需求量时，多出的电量可能会为从水中制造氢气提供支持。氢气可以存储起来，在需要额外或后备电源时用来发电。

在风源稳定的地区，风力发电是最经济的。在风源不足的地方，需要稳定的备用电力来源，如电力公司、能量储存、太阳能电池、传统水力发电机和抽水蓄能，或者燃烧天然气的高效涡轮机。虽然风力发电会带来视觉污染和噪音，不过这些缺陷都可以通过设计的改善以及地点安排来弥补。

某些区域的大型风力发电厂很可能会影响候鸟的飞行方式，他们杀害了大型猛禽(尤其是老鹰、猎鹰和鹰)，这些猛禽喜欢沿那些风力涡轮机所处的理想嵴线捕食。针对风力涡轮机对猛禽造成伤害的这一事实，主张保护野生动物的环保主义者和主张发展再生能源的环保主义者各持己见。研究人员还在对这个问题的严重程度进行评估，他们希望能想办法来消除或者大幅减少鹰的伤亡。有的分析家评论认为，由风力涡轮机导致的鸟类的死亡数目和由其他人为原因造成的死亡数目以及整个鸟类可能因全球变暖中而死亡数目相比是少之又少。据记载，美国风力发电厂伤害的猛禽和其他禽鸟的死亡数量每年不超过300只。相比之下，在美国估计每年有9700万禽鸟由于碰撞到建筑物的厚玻璃板而死亡，5700万禽鸟死在高速公路上，至少有380万禽鸟死于污染和中毒，每年数以百万计的禽鸟在燃煤电厂和核电厂的输电和配电线缆上触电致死。

促使全球范围内风力发电应用扩张的技术已经到位。在合适的地点，风力发电几乎取之不尽、用之不竭，即使排除这些环境敏感地区，全球潜在的风力发电量远高于目前的世界耗电总量。理论上来说，阿根廷、加拿大、智利、中国、俄罗斯和英国可以利用风力来满足他们所有的能源需求。风力发电专家估计，在21世纪中叶，全球超过10％的电力，及美国10％～25％的电力需求都可通过风力发电来满足。

狂暴的太阳风

哈雷彗星自1910年访问地球之后，又于1986年访问了人类家园。由于它每次访问地球时，都拖着一个背向太阳的长长的尾巴，有点像把扫帚，因此有时又叫它“扫帚星”。它越靠近太阳，尾巴拖得越长。因此，很容易联想到，彗星的尾巴与太阳有关。

当物理学家发现了光有压力之后，大约在半个世纪里，科学家们相信彗星的尾巴是太阳光压力造成的。理由是：彗星是大量微小石块由甲烷和氨这类低凝固点气体所结的“冰”黏合起来的。每当接近太阳时，一些“冰”就融化蒸发了，太阳光的压力就可以把极小的石块往背向太阳的方向推去，从而形成尾巴。彗星越靠近太阳，光压越大，因而尾巴也就越长。

可是，30多年以前，德国人比尔曼对这一解释提出了异议。他指出：光压确实会发生作用，但不足以使彗星产生那么长的尾巴，必须有一种比光压更强的作用力才行。1958 年，美国科学家帕克认为：太阳上的物质因高温而电离，太阳不断将这些带电粒子“吹”出来。他称这种带电粒子流为“太阳风”。60 年代以后，行星探测器发射成功，科学家们用它们探测到了太阳风的存在。太阳风的速度可达每秒几百千米，比光压强得多，彗星的长尾就是被它吹出来的。

太阳上最丰富的物质是氢。氢在高温下被电离成电子和质子，太阳风吹出来的几乎都是电子和质子。太阳风吹遍整个太阳系，太阳的大气层也延伸到整个太阳系。太阳风使太阳每秒损失约一百万吨物质，太阳从形成到现在，因太阳风损失了它全部质量的万分之一左右。

太阳风进入地球大气层以后，对地球磁场产生强烈影响，严重干扰了电离层的无线电通信。太阳风达到南北极上空，与气体分子碰撞而产生强烈的极光。太阳上耀斑爆发时，会喷发出大量的带电粒子，使太阳风速度增大，这时候便会在某些区域形成狂暴的太阳风。

天气预报的由来

每天我们都能从电视台看到第二天的天气预报，它的产生还与战争有关呢！

1854 年 11 月 14 日，夜幕低垂，乌云密布，位于欧洲东南部的黑海海面上掀起了滔天巨浪，紧接着一场可怕的暴风雨汹涌而至。当时正与敌人作战的英法联合舰队，刚好行驶到这儿，立即遭到这场暴风雨的袭击。主旗舰“阿恩力—4”号翻沉，几乎全军覆没。这次暴风雨给联军造成了极大的损失，这给当时法国的执政者拿破仑三世震动很大。他命令当时著名的天文学家、海王星的发现者、巴黎天文台台长勒维烈全力调查这次风暴的移动规律。勒维烈立即把各地的观测资料收集起来，并详细询问了 11 月 12 日到 12 月 16 日各地的天气情况，然后把这些结果标志在一张空白地图上。经过认真细致的研究后，勒维烈惊讶地发现，那次袭击英法联军的黑海风暴是从欧洲西北部移过来的，而且是以一定速度向东南方向运动。经过推理，勒维烈认为，若能事先就有一张“天气图”，那么那次风暴是可以完全躲过去的。此后“天气图”就应运而生了。

人类生存的地球是由一层很厚的“空气海洋”——大气层包围着的，“空气海洋”的底部约几十千米是空气对流层，它是地球上气候变化的主要原因。空气温度的变化引起空气对流，形成空气旋涡，这种空气旋涡的移动，就形成了风暴。风暴通常都由形成地点以一定速度向一定方向运动的，风暴移动方向与移动速度与各个地方的温度变化有关。因此如果这时把各个地方的气候条件汇总，加以分析研究，就能预测风暴的运动情况，播发出去就成为天气预报。我国就是由中央气象台汇集各个地方气象台的观测结果，然后经分析研究后再向全国发布，这就成为中央气象台的天气预报。

现在人们已开始利用人造卫星来观测各地的气候情况，运用计算机处理后，气象台就可以直接掌握各地气候的变化情况，及时准确地进行天气预报了。现在天气预报已不仅是用于军事目的了，它更重要的是用于工农业生产及日常生活中。

物理学与军事科技

物理学是一门基础学科，在现代社会中，由物理学孕育出的新技术已渗透到生活的各个角落。进入 20 世纪以来，物理学与其他学科的交叉表现得日益明显和复杂，以至于人们往往忽视了其中的科学根源——物理学原理。物理学是其他学科的基础，因而物理学中的新发现常常会推进相关学科的发展；反之，其他学科中的进步亦会激励物理学家作更深入的研究。由此，物理学进入军事领域，是理所当然的。

一直以来，物理学在军事科学中的应用均占有不小的比例，而军事武器的不断发展在一定程度上也促进了物理学的进步。几百年来，一度在科幻作品中出现的那些神秘武器，如光学武器、声波武器、电磁波武器、核武器等，如今已纷纷面世。现代军事科学的知识密度高、综合性强，许多高精尖现代化军事武器，比如，红外制导、红外夜视、激光雷达、声呐及核武器等都与物理学的最新成就密切相关。尽管目前这类武器的性能和状况还不够完善，人们对制造与使用这些武器，也存有较多疑虑和争议，但物理学与军事武器的紧密相关性仍可略见一斑。

声波武器

我们知道，声波是机械纵波，它可以在固体、液体和气体中传播。人们日常可以听到的声音便是20Hz～20000Hz频率范围内的声波。目前军事领域中应用的主要是次声波部分(即频率低于20Hz的声波)。和可闻声波相比，次声波在介质中传播时，能量衰减缓慢，隐蔽性好，不易被敌人察觉，所以军事上常用次声波接收装置来侦察敌情。另一方面，次声波武器还可直接消灭敌人的有生力量。那么，它的杀伤原理是什么呢？这里要涉及到物理学的一个重要概念——共振。原来，次声波武器是利用和人体器官固有频率相近的次声波与人体器官发生共振，导致器官变形、移位，甚至破裂，以达到杀伤目的的。次声武器大体可分为两类：

一类是“神经型”次声武器。次声频率和人脑阿尔法节律(8Hz～12Hz)很接近，所以次声波作用于人体时便要刺激人的大脑，引起共振，对人的心理和意识产生一定影响：轻者感觉不适，注意力下降，情绪不安，导致头昏、恶心；严重时使人神经错乱，癫狂不止，休克昏厥，丧失思维能力。

另一类是“器官型”次声武器。当次声波频率和人体内脏器官的固有频率(4Hz～18Hz)相近时，会引起人的五脏六腑产生强烈共振。轻者肌肉痉挛，全身颤抖，呼吸困难；重者血管破裂，内脏损伤，甚至迅速死亡。

次声波武器的优点在于：

(1)突袭性。次声波在空气中的传播速度为每秒300多米，在水中传播更快，每秒可达1500米左右。次声波是常人听不到、看不见的，故除了传播迅速之外，次声波又具有良好的隐蔽性。

(2)作用距离远。根据物理学原理,声波的频率越低,传播时介质对它的吸收就越小,波的传播距离也越远。比如,炮弹产生的可闻声波,由于衰减快,在几千米外就听不到了,但它产生的次声波,可传到80千米以外;而氢弹产生的次声波可绕地球传播好几圈,行程十几万千米。故高强度的次声武器具有洲际作战能力。

(3)穿透力强。传播介质对低频率的声波吸收较小,故次声波具有很强的穿透能力。一般的可闻声波,一堵墙即可将其挡住,而实验表明,次声波能穿透几十米厚的钢筋混凝土。因此,无论敌人是在掩体内躲藏,还是乘坐在坦克中,或在深海的潜艇里,都难以逃脱次声武器的袭击。

(4)次声波在杀伤敌人的同时,不会造成环境污染,不破坏对方的武器装备。可将对方的武器装备作为战利品,取而用之。需指出的是,目前次声武器发出的次声波的强度和方向性等因素尚待进一步研究,所以真正应用于战争的次声武器还不多见。

据说,第一台次声波发生器是由法国人在1972年发明的,它产生的次声波可以伤害5千米以外的人。发明者还得出结论:频率为7Hz的次声波可对人体造成致命的打击。有报道称,美军在干预索马里期间已经试用过某些音响或声音武器的样品,这些武器可以使人的内脏发生振动,把人震昏,使人感到恶心,甚至使肠子里的粪便液化,不断腹泻。

此外,超声波在军事上的应用也很多。由于海水有良好的导电性,对电磁波的吸收能力很强,因而电磁雷达无法探测水下作战目标(如潜水艇)的方位和距离。所谓超声波,是指高频率的机械波(频率大约在20KHz以上)。它具有能流密度大,方向性好,穿透力强等特点。超声波在空气中衰减较快,而在固体、液体中的衰减却很小,这正好与电磁波相反。这种情况下,超声波雷达——声呐,便可发挥巨大的威力。

激光武器

激光是与原子能、半导体、计算机一起出现的20世纪的四项重大发明之一。它的英文全称是 Light Amplification by Stimulated Emission of Radiation，编写为 Laser，意为受激辐射光放大器。由于激光有方向性强、单色性好、亮度高、相干性好等特性，其在军事上的应用十分广泛。激光武器是利用激光束来直接攻击敌方目标的。

其优点主要是：

(1)速度快，射束直，射击精确度高。激光束以每秒 30 万千米的速度传播，不需提前计量，瞬发即中。

(2)摧坚能力强。激光能量高度集中，可摧毁任何坚固材料制成的目标。

(3)灵活、无惯性，不产生后坐力。因光子的静质量为零，故激光武器不会产生普通枪炮发射时所产生的后坐力。激光武器易于迅速变换射击方向，能在短时间内射击多个目标。

(4)抗电磁干扰能力强。激光武器有多种分类法。按激光能量的不同，可分为低能激光武器（又称激光轻武器或激光致盲武器）和高能激光武器（又称激光炮）；按激光器种类的不同，可分为固体、气体、化学、分子、自由电子和 X 射线激光武器等；按激光位置或运载工具的不同，分为陆基、车载、舰载、机载、星载激光武器；按用途可分为战术激光武器和战略激光武器；按激光输出方式的不同可分为连续式激光武器和脉冲式激光武器。

激光武器是高新技术兵器中的佼佼者之一，它的研究时间最长，技术也最成熟。激光武器的发展对各国的军事战略都将产生深远影响，同时它也是最有希望把人类从当前的核恐怖中解放出来的武器之一。在目前的实际应用中，激光武器通常要和其他武器配合使用，还不能完全取代常规武器。原因在于：

1. 在大气中使用时，大气对激光能量有严重的衰减作用，云、雾、雨、雪、空中烟尘对激光特性影响更大，使其射程和威力受到限制。

2. 随射程增加，落到目标上的光斑增大，导致靶面上的激光功率密度降低，限制了激光武器的有效作用距离；

3. 热晕和气体击穿会造成激光能量的严重损耗，阻挡激光的传播。(热晕是指大气吸收激光能量后，因内外层温度不同而引起光束扩散的现象；气体击穿是指大气吸收激光能量后，中性气体被电离的现象。)人眼最敏感的光是波长为0.54微米的绿光。实验表明，入射到瞳孔的绿光能量只要达到7×10^{-6}焦耳就会烧伤视网膜，能量再高将造成人眼的永久失明，严重的还会危及生命。目前，美国已经出现了能够令攻击目标暂时或永久性失明的致盲激光武器。

电磁武器

电磁波是指迅速变化的电磁场在空间的传播。人类从形成之日起便生活在电磁波的汪洋大海之中。电磁波在军事上的应用异常丰富。所谓电子对抗(又称电子战)便是指敌我双方利用专门的设备、器材产生和接收处于无线电波段内的电磁波，以电磁波为武器，阻碍对方的电磁波信号的发射和接收，保证自己的发射和接收。电磁波对人体是有害的。据说，美国有人提出设计电磁枪，该电磁枪将会“诱发癫痫病那样的症状”。

另有一种所谓的“热枪”，采用的是电磁波段中的微波。热枪能够产生使人体温升高至40.6℃～41.7℃的作战效果，让敌人不舒服、发烧甚至死亡。1980～1983年，一个叫埃尔登·伯德的美国人，从事了海军陆战队非杀伤性电磁武器的研究。他说：“我们正在研究大脑里生物电的活动和如何影响这种活动。”他发现，通过使用频率非常低的电磁辐射，可使动物处于昏迷状态。此外，他还设计了磁场的反应实验，指出：“这些磁场是非常微弱的，但结果是非杀伤性的、可逆转的。我们可以使一个人暂时伤残。”

据中国电磁辐射测试中心经过两年的跟踪检测证实，超量的电磁辐射会造成人体神经衰弱、食欲下降、心悸胸闷、头昏目眩、甚至脑部肿瘤。迄今为止，电磁武器的研制离实战要求仍有较大距离，其中最大的困难是电磁波的功率问题。由于电磁场能量随距离的增大而迅速减弱，如此能量的波束难以瞄准相应的目标。这些原因导致电磁武器的研究远远落后于声波武器和激光武器。

核武器

将核能引入战场是武器发展史上的重要里程碑，核能的军事应用首先是核武器的诞生。核武器的研究和发展有近50年的历史，至今已制造出的核武器达几十种之多，而人们通常所说的核武器是指原子弹、氢弹和中子弹等。重核和轻核分别通过核裂变反应和核聚变反应可以转化成更稳定的中核，这两种反应均可释放出核间的巨大能量。原子弹即是利用了其中的能量。

原子弹的核燃料是纯的铀235或钚239、铀233。这类原子核在中子轰击下发生链式反应。原子弹爆炸产生的高温高压及裂变碎片和各种射线，最终形成了冲击波、光辐射、早期核辐射、放射性污染以及电磁脉冲等杀伤破坏因素，其巨大杀伤力对现代战争的战略战术产生了重大的影响。

氢弹是以氘和氚作为核燃料，其爆炸即是氢的同位素的聚变反应。氢弹的杀伤破坏因素与原子弹相同，但威力比原子弹大得多。氢弹的爆炸过程就是原子弹爆炸加上轻核聚变的过程，由此可见其分量。中子弹是氢弹小型化的产物，是一种战术核武器。中子弹爆炸时产生的冲击波、光辐射及放射性污染的杀伤破坏作用比原子弹和氢弹小得多，但它的贯穿辐射杀伤作用颇大，其能量所占比例超过40%。中子弹爆炸时放出大量高能中子和γ射线，对人员具有杀伤作用。核武器正朝着小型化、高精度、低当量的方向发展，这也是现代军事武器的发展趋势：灵活、机动。

本文描述的物理学在军事武器中的应用，是从物理学原理的应用角度考虑的。武器本身是中性的，无善恶之分，关键看掌握在谁手中，应用于什么场合。原子弹的实际应用，最初是以毁灭性的杀人武器的形式出现的：1945 年，美国在日本的广岛、长崎市投下了两颗原子弹。这一事实与物理学家的初衷是相违背的。世界著名物理学家爱因斯坦对此非常震惊。他竭尽全力地阻止对原子弹的研制和使用，甚至提议建立一个世界性的主权政府以控制原子弹，维持世界和平。

1953 年，爱因斯坦在给一位日本记者的信中写道："我是一名忠诚但并非绝对的和平主义者，也就是说，我反对在任何情况下使用武力，但在想要摧毁生命的敌人面前，就是另一种情况了"。这非常有代表性地反映了世界上许多物理学家对社会的良知。在地球上使用核武器，其后果不堪设想：核武器导致地球表面产生大面积强烈爆炸，直接干扰大气层中的臭氧层，从而使地球表面透过大量的紫外线，地球的生态环境和气候将产生严重的、不可挽回的后果。随着科技的发展，武器装备的数量和质量都在不断增大和提高。各种核武器的数量已增大到惊人的地步。

美国和苏联两个大国的核储备都在 9×10^9 吨～13×10^9"TNT"当量之间，并各自拥有 3～4 万枚核弹头，英、法、印及我国也都有限度地发展了核武器，具备一定的核反击能力。

据估计，全球核武器总当量大约在 25×10^9 吨"TNT"左右，世界人均折合 5 吨"TNT"。一旦核战争爆发，仅现有的核武器就能将地球炸得天翻地覆，无数城市化为灰烬。实际上，核战争是人类自我毁灭的战争。我们需要的是正义与和平。研制使用现代的最新武器，目的是消灭武器，消灭侵略，以维护世界的和平，国家的安宁。历史告诉我们，任何一种新技术的应用、一种新武器的出现，一开始的确具有强大的威力，但随着时间的推移和技术的发展，总是被更新式、更优异的武器所取代。世界，正是在这样一种矛盾对立中曲折地向前发展着。

生活在液晶体世界

1888 年，奥地利植物学家弗里德里希·雷尼泽尔在研究植物胆固醇生物功能时，发现了一种新物质，其性能从不为人所知(后被确认为胆固醇苯酸类物质)。这种物质在 145.5℃时，由固体变为不透明的液体，而在 178.5℃时，就变成完全透明的液体。一年后，法国人奥托·莱曼发现，这种物质即便在不透明的液体状态时，也保持一种晶体结构，于是就为其取名“液晶体”。这种物质在 20 世纪 60 年代前期，还一直被看成是实验室里的一种普通的新奇东西，但在这以后，研究深入一步，人们就开始发现它能应用在图像的显示方面。

今天我们处于数字手表、电子记事本、便携式电脑这些物品的包围之中。这些东西都有一个显示器，也就是小屏幕，人们将其命名为液晶显示器。但究竟液晶体为何物，我们所看到的数字、字母和图像是以什么方式形成的呢？

液晶体是这样一种物质，在不同的温度下，它可以呈现出固态或液态的特征。事实上，它的形状好似盛液体的容器，但它的分子(像拉长的小棍)排列得很规则，是典型的结晶体式的排列。它有两种可熔温度：在第一个可熔温度下，晶体由固体变“不透明”的液体；而当温度升高到第二个可熔点，它就成为正常的透明液体。

液晶体有着不同的种类。最常用的被称为向列相液晶或丝状晶体。它的功能是使数字和字母形象化地出现在显示器上。如数字手表的小屏幕就是在两层玻璃之间置入一层极薄的(约 2‰毫米)丝状晶体而制成的。在其中一块玻璃的内侧，覆盖着一层传导材料，上面附有印刷线路。当电流通过时，分子的排列顺序受到干扰，晶体就失掉了它的透明度。那些变成了不透明的点就形成了字母或数字。为使图像在液晶体小屏幕上形象化，就需要利用由一个金属层(一般为铝层)反射的自然光，这个金属层被安置在小屏幕上。为了能够在光线不足的情况下使用液晶体，还需要在屏幕内安装一个小灯泡(背光)。

另一类型的液晶体称为胆固醇液晶体，正如其名，它来源于胆固醇，是一种在我们体内也存在的有机分子。它们具有被称为循环二向色性的光学特性：当它们被白光（如阳光）照射后，通过液晶体的一定波长的光子将被环形极化，即电磁场不再紊乱地震动，而是按照一个准确的方向，同时其他的光子将被反射出去。其结果就在晶体表面出现鲜艳的彩虹，这既取决于光的入射角，也取决于晶体的温度。事实上，温度改变，晶体就会随之呈现出不同的颜色。这就是为什么胆固醇晶体被用来作为一种类似对彩色胶片进行检测的那样一种检验标志。将它装在机体的正面，它就会根据机体温度的不同而显出不同的色彩。

液晶体主要用于便携式电脑和旅行用电视机的显示器，但在不久前也开始应用到窗户上。由于开关的普通压力，窗户是由封闭在两层玻璃之间的液晶体层构成的，而液晶体则由电极来控制。由开关压力产生的电场将对晶体产生干扰，从而就使窗户变暗了。

应用最广的液晶体（人体丝状液晶体）一般是由氰基联苯构成的。这是一种在常温下呈灰白不透明液体状的物质。为了在这类屏幕上呈现图像，需要给装在两片玻璃或塑料片的液晶体之间加上电压。电压的变化会改变物质分子的排列，这就会导致其反射或吸收光线的方式改变，其结果就会带来晶体亮度和色彩的变化，这样就产生了图像。

霓虹灯和荧光灯

将城市的夜晚打扮得流光溢彩的是霓虹灯，这是一种气体放电灯。在制作霓虹灯时，首先将封装有电极的细长玻璃管内的气体抽出，然后充入惰性气体（氦气、氖气、氮气）或水银蒸气。这样，当霓虹灯的电极被加上高电压后，电极中的电子在电场的作用下逸出并撞击气体原子，大量的气体原子被激发和电离，从而“充满”能量。这些能量以光辐射的形式被释放，霓虹灯就会发出光了。

霓虹灯的颜色是由充入的气体种类决定的：充氖气的发出红光，充氦气的发淡光的量度单位。为了对光辐射进行分析，就需要一些能够正确表达光的亮度等参数的物理量。在常用参数中，光通量(单位是“流明”，符号为 lm)反映了光辐射作用于人眼所产生的明暗视觉效果。在技术上，流明的定义比较复杂：功率为 1 瓦(这里的 1 瓦不是指消耗的电功率，而是指光辐射的功率)波长为 555 纳米的单色光源所产生的光通量为 683 流明。

另一个常用参数是光的照度(单位是“勒克斯”，符号为 lx，它反映了单位面积上接收到的光辐射的大小。1 平方米的表面积上的光通量为 1 流明时，光的照度就是 1 勒克斯。

按照上述定义，灿烂晚霞的照度大约为 13 万勒克斯；白炽灯的光通量最低为 2 流明，最高为 6 流明。为了使一间阅览室的照明达到最佳效果，电灯光的照度至少要达到 200 勒克斯，而对于一位牙医来说，要“干好”活则需要 2200 勒克斯。人眼在经过半小时对黑暗的适应后，能够看见照度只有 0.007 勒克斯的物体。黄色的光，充氩气或水银蒸气则发蓝光。水银蒸气还用于一种与霓虹灯完全不同的灯，这就是荧光灯，虽然两种灯常常被人们混淆在一起。

荧光灯的灯管两端有插头，体积也较大，同时还要使用镇流器。镇流器的作用是控制通过荧光灯的电流不致过大而烧毁灯丝。荧光灯的形状多种多样，有球形、圆柱形、U 形、环形等，其亮度在达到最大值前有一定的延迟时间。荧光灯最大的优点是能使电费更省一些。实际上，它的发光效率是传统白炽灯的 4～6 倍，而且比白炽灯耐用 10 倍。荧光灯的工作原理同霓虹灯有些类似，不同之处在于它里面充入的水银蒸气不仅会发出微弱的蓝光，而且会发出强度很大的紫外线辐射。这些紫外线照射到覆盖在荧光灯玻璃内壁上的荧光材料层时，荧光材料就会吸收紫外线的能量，将荧光材料中的电子激发到高能级上。当这些电子随后向低能级跃迁时，被吸收的能量就会以可见光的形式释放，荧光灯也就发出明亮的光了。尽管有节省电费的优势，荧光灯的水银蒸气的污染也是一个不容忽视的问题。

海洋中的噪声

提到噪声，大家一定都会想到街道上的汽车声、工厂里的机器声等，因为这些在我们日常生活中已经司空见惯了，而且这些声音大多时候让我们心浮气躁、寝食难安。

你有没有想过，其实在风平浪静的大海上，现在也到处是噪声的污染呢？因为声音能够在水中传播，而且传播速度更快，传播效果更好。随着科技的发展，人类在海洋上的作业也越来越频繁，深海石油勘探、海面商船来往贸易、各国在海底进行军事实验等等，这些活动都在海洋中造成了巨大的噪声污染，已严重威胁到海洋生物的栖息、进食和繁殖。

当一艘巨轮从海上驶过时，螺旋桨所发出的声响，就很可能直接传播到海洋中层乃至底层。尽管这种声响的音调很低，对我们并无太大的影响，但对海豚、鲸以及某些海洋生物来说，就是不折不扣的噪声了，甚至可能会影响到海豚的心脏、肺和脾的正常功能。

有一天，资深的鲸类研究专家肯尔康伯发现有 16 头鲸和海豚被冲到阿巴科群岛周围。经检查发现，所有的鲸和海豚都表现出异常的出血现象。后来，肯尔康伯了解到，就在前一天，美国海军在该地区进行了军事演习。

美国伍兹·霍尔海洋地理学会科学家达琳·凯顿指出，海洋中的噪声对许多海洋生物，都是一种极为严重而又无法躲避的骚扰。例如，当灰鲸沿北美海岸向南洄游途中，听到 120 分贝以上的噪声时，它们就会显得烦躁不安，甚至会偏离正常的洄游路线。还有事实可证明，某些长时音的噪声，会引发海洋生物的好斗行为，由此增大了它们彼此之间相互伤害的可能性。

科学家们已经发现了噪声对海洋生物的危害，也意识到了这种危害的严重性。因此为了保护海洋，保护海洋中与我们朝夕相处的生物，现在很多的科学家都在呼吁，制定相关的法律法规，来逐步减少海洋中的噪声。经过科学家的努力和国际有识之士的大声疾呼，相信科学的、完善的规则会渐渐浮出水面，并真正成为各个国家共同遵守的国际公约。